ホロストラクション
完全マニュアル

中静真吾
NAKASHIZUKA SHINGO

幻冬舎MC

ホロストラクション
完全マニュアル

中靜真吾
NAKASHIZUKA SHINGO

幻冬舎MC

はじめに

　「建設業」は社会インフラを支える意義のある仕事です。人のいるところには必ず建設業が関わっており、都市開発をはじめ、自然災害の復旧工事や老朽化したインフラの整備など、この先も高い需要があることはいうまでもありません。

　一方で、建設業界の人材難は喫緊の課題です。国土交通省の調べでは、2025年には333万〜379万人が建設業界で必要になると予測されるものの、実際に就業しているであろう人数は286万人と試算されています。つまり、最大で約90万人の人材不足が発生すると予測されているのです。

　私も建設会社の技術者として、また、経営のかじ取り役の一人として、人材難に頭を悩ませてきました。高度経済成長期下にあった時代は、人材の確保については困っていませんでした。しかし、除雪や河川の浚渫（川の水底をさらって土砂などを取り除くこと）など、大変な労力と危険を要する仕事が多く、2000年に入る頃から若手の採用が思うように進まない状況が続いていました。そこで私たちは少人数でも業務に対応ができるようにと、社内のペーパーレス化や基幹システムのフルクラウド化などを進めていました。

　しかし、建設業はどうしても毎日何度も現場に足を運ばなければならないことが多く、社員一人ひとりの負担は増えるばかりで、思ったように業務改善が進まない日々が続いていました。「どうにか社員の負担を増やさずに、効率よく仕事を進めることはできないのだろうか……」そんな試行錯誤のなか、衝撃的な出会いを果たしました。

　それは、Microsoft（マイクロソフト社）が開発したヘッドマウントディスプレイ「HoloLens（ホロレンズ）」です。「HoloLens」を装着すると、施主や施工主がどこにいようとも、まるで目の前にいるかのように同じ空間を共有し、打ち合わせをすることができます。また、2次元の図面だけではどうしても伝わりづらい建設の過程や建設物の完成形を、目の前に実物大の建設物を再現しながら表示できるため、実務経験の浅い技術者ともイメージ共有がしやすく、手戻り防止にもつながります。まるでSF

映画に出てくるような複合現実（Mixed Reality）の世界ですが、すでに技術はここまで進歩しているのかと非常に感動しました。

　そして私たちは、その感動に突き動かされるままに、日本マイクロソフトとの共同開発でHoloLensを使ったアプリケーション「Holostruction（ホロストラクション）」を開発しました。

　「Holostruction」は1人あたりの生産性向上により人手不足を補い、安全性も確保できる"建設業に革命を起こす秘密兵器"です。

　本書は「建設業の働き方改革を実践したい」という方に向けて、Holostructionのさまざまな魅力やHoloLensの使い方を解説していきます。この1冊があればすぐにでも現場での実践が可能となる完全マニュアルです。作業効率を向上させたいと考えている建設業の方がHolostructionを活用することで、働き方改革への歩みを進めるヒントになれば幸いです。

2021年10月

小柳建設株式会社　専務取締役COO

中静真吾

CONTENTS

イントロダクション

Holostruction とは何か？　何ができるのか

プロジェクト参加編
＜顧客（ゲスト）向け＞

Holostruction のインストール、および MR 空間内での Holostruction 操作方法

プロジェクト作成編
＜主催者（ホスト）向け＞
MR空間を作成するための準備と作成手順、および実際の操作方法

導入事例
Holostructionを実際に導入した現場の声

イントロダクション

Holostruction とは何か？
何ができるのか

STEP 01

Holostructionを実現する 「HoloLens 2」の概要

Holostructionは、Microsoft社の開発した「HoloLens 2」を用いて利用できるアプリケーションです。そのためまずは、HoloLens 2の概要について解説します。

HoloLens 2とは？

　HoloLens 2（ホロレンズ 2）は、Microsoft社が開発した頭部に装着するタイプのホログラフィックコンピューティングです。2016年3月に初代HoloLensが発売され、2019年11月からは操作性や装着感などをさらに改善したHoloLens 2が販売されています。

　「頭部に装着するホログラフィックコンピューティング」と言われても、なかなかピンとこないかもしれません。イメージしやすいのは「PlayStation VR」「Oculus Go（オキュラス ゴー）」などの、主にゲーム分野で利用されているVRゴーグルでしょう。VRゴーグルは頭部に装着することで目の前にバーチャルな世界が広がりますが、HoloLens 2も同様にヘッドセット型のデバイスをヘルメットのように頭部へ装着し、眼鏡型のディスプレイを通して、目の前の現実の空間に配置された3Dホログラム（3次元のCGオブジェクト）を見ることができます。

　本書では、HoloLens 2の特徴、Holostructionの開発経緯や操作方法、さらにはHolostructionを導入した企業の導入事例についても詳しく解説します。

HoloLens 2はヘルメットのように頭部にかぶることで、現実の空間に3Dホログラムを表示できるデバイスです。

MR（Mixed Reality）を実現するデバイス

　HoloLensは、MR（Mixed Reality）を実現するデバイスです。

　MRとは、現実の空間に仮想の空間を融合し新しい空間を作り出す映像技術のことで、「複合現実」とも呼ばれます。HoloLensなどのMR対応コンピューティングを装着すると、現実世界の壁や机、床などの空間を認識し、3Dホログラムをあたかも現実の世界に存在するかのように投影します。

　さらに驚くのが、そのホログラムはただ見るためのものではなく、実際に操作できるという点です。装着している人物の視線や挙動を高速に処理し、ホログラムを掴んで回転させたり、移動させたり、大きさを変えたりといった操作ができます。さらに、ホログラムの後ろに回り込んだり、上から覗き込んだりと、さまざまな角度から観察することも可能です。このような特性を生かすことで、例えば「部屋の中にホログラムの家具を配置し、レイアウトを考える」「ホログラムの商品を目の前に表示して、購入を検討する」などの使い方が可能となります。

　現実の空間に、触れることのできる3Dホログラムが現れる……。このような現実と仮想の融合が、「Mixed Reality」というわけです。さながらSFの世界のようですが、今や現実になっています。

　そんなMRコンピューティングの中でも代表的な存在なのが、HoloLens 2です。「あくまでも、日常生活に溶け込むほど自然にデバイスを使えることを目指して開発した」とMicrosoft社が述べているとおり、HoloLens 2は特に実用的で扱いやすいデバイスとして、さまざまな企業や団体で導入が始まっています。

普段見えている現実世界に、触れることのできる3Dホログラムが表示されます。今までにない、まったく新しい体験です。

HoloLens 2の特徴① スタンドアローンでの利用

　HoloLens 2は、Windows 10が搭載されているパソコンおよびホログラムを表示する眼鏡型のディスプレイが一体化した、ヘッドセット型コンピューティングです。

　MRデバイスは、その多くがパソコンやスマートフォン、リモコンなどを接続しないと利用できません。しかしHoloLens 2なら、それらが一切不要なスタンドアローンで動作します。バッテリーも内蔵されており、コードレスで利用できるため、ほかのデバイスと比べても移動の自由度が高いのが大きな特徴です。

　実際の操作は、手の動きや目線、体の動きを使って行います。デバイスを頭に装着するため、パソコンやスマートフォンなどのように手を塞ぐことがありません。

　例えばHoloLens 2でホログラムのマニュアルを目の前に表示すれば、実機を操作中でも手を止めることなく3Dのマニュアルを参照できます。このような使い方ができることから、HoloLens 2は特に現場作業に対しての需要があります。

ケーブルがないため、装着者の行動
を制限することなく利用できるのが
HoloLens 2の特徴です。

HoloLens 2の特徴② 装着時の快適性が３倍に

　初代HoloLensから改善された点の1つに、快適性の向上が挙げられます。

　筐体をカーボン素材にすることで軽量化し、バッテリーやパソコンのプロセッサを後頭部に搭載することで、着け心地を向上させています。さらにさまざまな人種、性別、年齢の数千人の頭部形状をもとに、誰でも快適に装着できるよう設計を見直しています。2019年2月に行われたMicrosoftのHoloLens 2の発表会によると、初代HoloLensに比べて快適性が3倍向上したとのことです。

　正面のバイザーはフリップアップし、視界を良好にできるのも便利な機能です。

HoloLens 2の特徴③ 高解像度・広範囲表示

　HoloLens 2では、眼鏡型のシースルーディスプレイを通し、頭部を上下左右に動かしながらホログラムを見ることになります。そのため、テレビやパソコンなどと同様に画面の解像度（表示のきれいさ）や表示画面の大きさなどが重要になります。

　HoloLens 2は片目あたり2Kの高解像度であり、鮮やかでリアリティのある映像を視界に入れることができます。また、視野角（画面の表示が問題なく見える角度）やディスプレイのアスペクト比（縦横の長さの比率）も拡大しました。つまり、初代HoloLensよりも表示エリアが広くなっているので、ストレスなくホログラムを操作できます。

HoloLens 2の特徴④ 複数人での利用

　HoloLens 2は、目の前に表示されているホログラムをほかのユーザーとシェアできるのも大きな特徴です。現実世界ですぐ隣にいるユーザーはもちろん、別の拠点で活動しているユーザーであっても、仮想の共有スペースに集まり、ホログラムを取り囲んで対話できます。共有スペースでは、各デバイスやホログラムの相対的な位置関係を把握し、リアルタイムで空間上に反映します。つまり、対話している相手と近づいたり離れたりすると、目の前のアバター（相手を模したホログラム）や音声も同様に動き、まるで全員がその場にいるかのような空間を再現します。

　特に複数人で共同作業を行う際、電話やメールだけではどうしても伝えることのできないニュアンスもあるはずです。HoloLens 2を使うことで、誰がどこにいても、すぐ隣で会話しているのと何ら変わりないコミュニケーションを実現できるのです。

遠隔地の相手とも、同じ空間で協議ができます。この機能が、Holostructionを開発するきっかけの一つとなりました。

HoloLens 2の特徴⑤ 高性能センサーで没入感アップ

　現実の空間を把握したり、ユーザーの動きを認識したりする機能は、HoloLens 2に組み込まれた複数のカメラセンサーにより実現しています。

　正面には、周囲の環境を認識する4つのカメラセンサーのほか、高性能な深度センサーを搭載しています。深度センサーとは、いわゆる一般的なカメラが撮影するような平面の映像ではなく、奥行きを含んだ立体映像を捉えるセンサーのことです。HoloLens 2では、このセンサーに手の動きを追跡するハンドトラッキング機能が追加されました。初代HoloLensでは指先のみの認識だったのが、HoloLens 2では片手25点、計50点の関節をトラッキングするため、両手の指の動きをリアルタイムに認識できるようになっています。これにより、タップする、スワイプするといったスマートフォンと同様の操作はもちろん、ホログラムを移動する、サイズを変える、回転させるといった多様な操作ができるようになっています。

　また、視線を追跡するアイトラッキング機能も新しく搭載されています。アイトラッキングセンサーにより、視線を使っての操作のほか、瞳を使った虹彩認証も可能です。例えば1台を複数人で使い回す場合、HoloLens 2を装着するだけでアカウントを使い分けてサインインできます。高度な操作のほか、セキュアなログインもより手軽に実現できるようになったというわけです。

深度センサーは、赤外線で奥行きを認識する最先端のセンサーデバイス「Azure Kinect DK」と同一のものを使用しており、高度なトラッキングを可能にしています。

HoloLens 2の特徴⑥ Windows 10と同様のインターフェイス

　HoloLens 2のOSはWindows 10であり、ユーザーインターフェイスもWindows 10と同一のため、メールやカレンダー、OneDriveといった3D専用アプリケーション以外も利用できます。普段からWindows 10のマシンを利用しているなら、戸惑うこと

なく操作できます。Windows 10同様、Microsoft Storeからアプリケーションをダウンロードして使うこともできます。

さまざまな分野で導入が進むHoloLens 2

　性能もさることながら、アクセシビリティも突出しているHoloLens 2の活用されているシーンは、医療、商談、教育現場、そして建設業に至るまで、実に多岐にわたります。

　例えば医療現場であれば、手術前の患者の体内をスキャンし3Dホログラムで患部を確認するという使い方や、手術のトレーニングツールとしての活用が始まっています。ビデオ通話機能を使って遠隔から医療行為を支援するサポートツールとしても利用が期待されています。

　製造分野においては、先述したとおり作業者の目の前に3Dのマニュアルを表示して、作業のガイドとして利用されている例があります。また、未経験者や経験の浅い技術者が素早く作業方法を習得できるトレーニングツールとしても活用されています。これまでは紙面や動画などで学んでいたことも、立体映像を操作しながら直感的に学習できることから、理解度も大幅に向上しているようです。

　そして建設分野では、設計・進捗管理・点検など、工事のあらゆるフェーズでHoloLens 2がその能力を発揮します。小柳建設ではHoloLens 2をプラットフォームとしたHolostructionを開発し、自社の施工のみならず多くの企業に利用されています。

STEP 02 VR、ARとMRの 違いとは？

STEP1ではMR（Mixed Reality）について解説しました。ここでは、MRと類似した技術である「VR」「AR」の概要と、MRとの相違点について解説します。

VR（Virtual Reality）とは？

MRに類似した技術としてよく聞かれるのが、STEP1でも紹介した「PlayStation VR」などに代表されるVR、そしてARです。

VRはVirtual Realityの略語で、「仮想現実」とも呼ばれます。これは、コンピュータで作られた3次元の仮想空間を、視覚や聴覚などを通じて擬似体験できるようにした技術です。つまり目の前に現れるデジタル映像を、あたかも現実に広がる世界であるかのように、リアリティをもって体験できるのです。

VRゴーグルを装着することで、視界の360°すべてにバーチャルな世界が広がります。そして手に持ったリモコンなどで、バーチャルの世界に干渉（操作）できます。例えばゲームの場合、そのゲームの世界に入り、冒険したり敵を倒したりといった遊び方ができます。スポーツであればスタジアム内に入り、至近距離で試合を見たり応援をしたりなど、高い没入感と臨場感をもって試合を観戦できます。最近では、街全体をVR技術で再現し、観光したり買い物をしたりするというような楽しみ方も広がっています。

MRとVRの大きな違いは、没入感です。

「仮想空間に自分自身が入り込む」VRに対し、MRは「現実世界の上に仮想的なオブジェクトを加える」技術であるという違いがあります。VRでは視界すべてがバーチャルな空間となるため、例えば上を向いたり、後ろを振り返ったりしても、現実の世界は一切表示されません。まったく別の空間に入り込むため、高い没入感が得られます。対してMRは現実の世界が見えている状態で、その空間にバーチャルなオブジェクトを重ね、新たな空間を作成します。これがVRとの大きな違いです。

AR（Augmented Reality）とは？

　VR、MRと類似した技術として、もう1つARがあります。これはAugmented Realityの略語で、「拡張現実」とも呼ばれます。

　ARは、現実の世界にバーチャルのオブジェクトを重ねて表示することで、実在しないオブジェクトを目の前に再現するという技術です。

　例えばGoogle Mapの「ライブビュー」機能では、スマートフォンのカメラを通して目の前の景色を映すと、スマートフォンの画面上に矢印が表示され、進むべき方向を分かりやすく道案内してくれます。世界中で人気のゲーム「Pokémon Go」もAR技術を使っており、目の前の空間にキャラクターが表示され、捕まえるなどのゲームを楽しむことができます。

　これだけだと、MRとARは同様のものに思えます。確かにMRはAR技術に内包された技術なのですが、両者の違いはARはより現実世界の比率が高いという点にあります。ARは仮想的なオブジェクトを現実世界に追加しますが、あくまで視覚的に追加しただけというところがポイントです。追加されたオブジェクトに近づいたり、動かしたりといった干渉はできません。一方、MRは「現実世界と仮想世界の空間を重ね合わせる」技術です。互いの空間情報をシンクロさせるため、対象に近づき持ち上げる、動かすなどの操作ができるのです。これが、ARとMRの大きな違いです。

　ARは、MRよりも現実が主体になるため、さらに没入感は少なくなります。

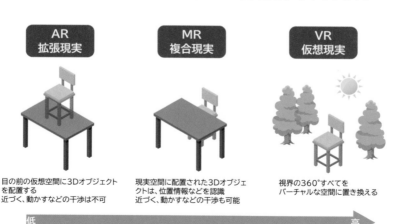

AR 拡張現実
目の前の仮想空間に3Dオブジェクトを配置する
近づく、動かすなどの干渉は不可

MR 複合現実
現実空間に配置された3Dオブジェクトは、位置情報などを認識
近づく、動かすなどの干渉も可能

VR 仮想現実
視界の360°すべてを
バーチャルな空間に置き換える

低　　　　　　　　　　　　　　　　　高
没入感

STEP 03
Holostruction
誕生の経緯

ここからは、小柳建設がどのようにHoloLensと出会い、なぜHolostructionを開発するに至ったのか、プロジェクト発足からリリースまでの経緯を解説します。

「働き方」と「未来」を変えるプロジェクト

Holostruction（ホロストラクション）は、HoloLens 2を利用して施工に関するさまざまな問題を解決すべく、小柳建設と日本マイクロソフトが共同で開発したアプリケーションです。

Holostructionは MR 技術を用い、建築物や実際の工事現場などをホログラム化して現実の空間に展開します。さらにその中を自由自在に歩き回り、さまざまな位置や角度、縮尺で確認しながら、複数人で協議を進めることができます。

協議は、Holostructionで作成した仮想の会議室に集まって行います。本社や工事現場、海外の拠点に至るまで、さまざまな場所で活動している関係者をリモートで結び、お互いの動きを可視化するため、まるで同じ会議室にいるかのような協議が実現します。また協議において必要となる写真や図面といったデジタルデータも目の前の空間に投影できるため、対面と変わらないレベルでの協議が可能になります。対面の協議を削減することで、移動時間削減のほか、新型コロナウイルス感染拡大防止の観点における人との接触機会削減にも大きな効果をもたらします。

Holostructionは、事業計画時の意識のすり合わせから、工事の進捗報告、施工検査などあらゆる業務を効率化し、トレーサビリティを向上させます。同時に今まで会議前に必要だった会場の予約、書類の用意、会議場所への移動といったあらゆるムダを削減することで、長時間労働の是正や、労働生産性の向上も期待できます。

なぜ小柳建設がこのようなアプリケーションの開発プロジェクトを進めることになったのでしょうか？ それは、代表取締役社長である小柳の「従来の働き方を変えることで、建設業の未来を変えたい」という強い理念によるものです。

Holostruction は、工事に必要な「協議」の形を根底から変えるソリューションです。

代表取締役社長・小柳が感じていた「業界の危機感」

　インフラの整備、災害対策、地方創生……地域の環境と安全を守り、そこに住む人々の暮らしを豊かにしてきた土木・建設事業。小柳建設も1945年の創業以来、世のため人のために、総合建築業として建設・建築事業、浚渫工事などを通じ、日本国土や地域社会の発展に貢献しています。

　代表取締役社長である小柳は金融業を経て、2008年に小柳建設株式会社へ入社しますが、早々に「建設業そのものの変革が必要だ」と強く実感したといいます。なぜなら、少子高齢化に伴う労働力人口の減少はもちろんのこと、世間がもつ建設業のイメージにより、人材確保が厳しい状況にあると感じ取ったためです。

　建設業は、人々の安全・便利な生活に直結する、壮大かつ誇りある業種です。しかし、世間では「早朝から夜遅くまで働き、休みは少ない」「現場は古い体質のままで、非効率的」……このようないわゆる3K（きつい、汚い、危険）のイメージが根強く残り、また歴史ある業界だからこそ、この状況を打破しようとする趨向は見られませんでした。さらに汚職事件や耐震偽装事件など、不祥事のイメージが払拭できていないこともあり、特に若い担い手が集まりづらい状況にありました。厚生労働省のデータでは、建設業就業者の約34％が55歳以上、29歳以下は約11％（平成27年算出）と高齢化が進んでいることを示唆しています。就業者の不足、次世代の担い手不足は、建設業界全体の課題でもあるのです。

　小柳建設は、「変化を楽しもう。」をコーポレートメッセージとして、時代の変化を見据え、新たな分野にチャレンジする企業です。これまでも従業員の負担を軽減すべく、「Microsoft 365」や「Microsoft Azure（アジュール）」などの導入による電話・メールの削減、書類のペーパーレス化など、ITを使ってさまざまな改革に取り組んでいま

した。しかしそれだけでは足りない、業界そのものを根本から変革しなければならないという強い危機感が小柳の中にありました。

業界でもいち早く建機を取り入れたり、河川や湖沼などの底面に堆積した土砂を取り除く浚渫事業に着手したりなどのチャレンジを続けてきた小柳建設が次に目指すのは、ITを利用した業界そのもののイノベーションです。

HoloLens との衝撃的な出会い

2016年7月、海外で開催されたイベントにて、小柳はHoloLensと出会います。

「これこそ、建設業のためにあるデバイスだ」直感的にそう感じたと、小柳は当時を振り返ります。DX（デジタルトランスフォーメーション）で社内のみならず建設業のあり方そのものを改革していきたいと考えていた小柳は、HoloLensを活用することで、建設業の「変わらない仕組み」や「イメージ」を一気に刷新できると確信したのです。発表時点では、HoloLensは日本で発売されていませんでした。小柳は、その場で米国のMicrosoft担当者に「HoloLensを使って開発をしたい。どうしたらいいか？」と直談判します。

当時、HoloLensにおいてMicrosoft社と協業している日本企業は日本航空株式会社の1社しかなく、さらにMicrosoft社は日本の建設会社との協業が実現しなかった過去があるとのことで、積極的な返事ではありませんでした。小柳はMicrosoft社に対し「建設業にイノベーションを起こしたい」という熱意を繰り返し伝えます。帰国後は、小柳が主導となりプロジェクトチームを発足。技術者、営業、事務など職種も年齢もさまざまな社員が集まり、「業務において誰もが本当に使えるシステム」を作るべく、仕様を固めていきました。

そして2017年4月、晴れて小柳建設と日本マイクロソフトの協業プロジェクトであるHolostruction（ホロストラクション）がスタートします。

Holostructionで、どのようにイノベーションを起こしていくか？ 小柳建設はこのプロジェクトの仕様として次のような3つのテーマを掲げ、開発を進めました。

❶計画や工程などを可視化して、透明性を高める

❷作業シミュレーションによって、安全性を高める

❸近未来的コミュニケーションによって、生産性を高める

❶では、計画、施工、検査、アフターメンテナンスに至るまで工程のすべてを可視化することで、業務の透明性を高め、品質と信頼性を向上させることを目指しました。

❷では、ホログラムによって熟練度を問わず施工イメージを共有し、現場に足を運ぶことなく危険箇所の洗い出しができるようにするとともに、建機や資材搬入のシミュレーション機能を搭載することで、作業の安全性向上を目指しました。

❸では、完成形をホログラムで共有することで施工前に発注者とのすり合わせができ、手戻り防止を実現するとともに、リモート機能で協議を実現することによる移動コストの削減も目指しました。

日本マイクロソフトとの共同開発は約2年にわたって進められ、2019年12月にHolostruction の法人向け販売を開始。2021年10月現在、さらなる機能向上開発を継続しております。

2017年4月20日に行われた、小柳建設と日本マイクロソフトの記者発表会の様子です。日本マイクロソフトにはコンサルティングサービスを中心とした技術支援を担当してもらっています。

Holostruction は2019年12月に法人向けの販売を開始し、2021年1月にはAndroidスマートフォンに対応した新バージョンを発表。さらに利便性が向上しました。

「いい仕事は、家族との時間もつくる。」をコンセプトに

Holostructionのコンセプトは、「いい仕事は、家族との時間もつくる。」です。これは、HoloLens 2およびHolostructionで建設業における働き方改革を牽引したいという思いで決定しました。

　小柳建設では、将来的に働く場所を問わない多様なワークスタイルの実現を目指しています。例えば現場に赴くことなく建機を操作したり、検査を完結したりできれば、工数の削減で生まれた時間を企画立案などの知的生産に使ったり、家族との時間に使ったりすることができます。HoloLens 2およびHolostructionにより、働き手の1日を、今よりさらに充実したものにできるのではないか……そんなふうに考えています。

STEP 04 Holostructionでできる 3つのこと

Holostructionは現場の業務を徹底的に研究し、「現場に即したシステム」として開発されました。ここでは、Holostructionで具体的にどのようなことができるのか、代表的な機能を解説します。

Holostruction 3つの特徴

Holostructionは現場で実際に使える機能を多数採用しています。ここでは、そんなHolostructionにおける代表的な機能を以下の3つの順で解説します。

Holostruction の特徴

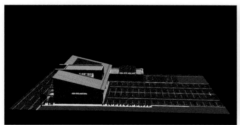
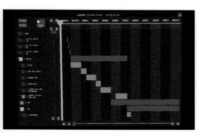

❶ 3次元データシミュレーション
❷ 遠隔コミュニケーション
❸ タイムスライダー

特徴① 現場を再現する「3次元データシミュレーション」

1つ目は、3次元データシミュレーション機能です。

これは、建物の完成図や施工現場などをCADで作成し、そのデータをHolostructionアプリケーションに登録することで、目の前の空間に3Dホログラムとして表示するHolostructionの代表的ともいえる機能です。このホログラムはスケール（縮尺）を自由に変更できるため、実物大の現場を目の前に表示すれば、全員が同じレベルで建物の完成や現場のイメージを共有できます。建物や現場だけでなく、建機などのオブジェクトもホログラム化して配置できるので、シミュレーションも行えます。作業の理解度向上に役立つほか、潜在的リスクの発見に貢献し、現場工事におけるフロントローディング（手戻り防止）を実現します。

■現場を実物大でイメージできる

3次元データシミュレーション機能により、設計から竣工までの工程をホログラム化し、それぞれ1:500スケールから1:1（実物大）スケールで確認できます。

図面を使って協議を行う場合、その図面を頭の中で立体化し、実物大を想像するしかありません。そのため、特に発注者や実務経験の浅い技術者は、建物や現場の実物を100％正確に把握するのが難しい場合もあります。

Holostructionがあれば、立体かつ実物大という誰にとってもいちばん理解しやすい形で再現できるので、技術の熟練度に関係なく、すべての関係者の理解度を向上させることが可能となります。

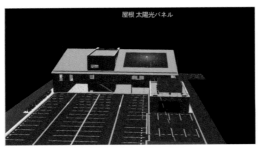

ホログラムはMR技術により、後ろに回ったり、横から見たり、上から見たりなど、さまざまな位置や角度から確認できます。

■イメージの可視化を実現する

従来は設計事務所に基本設計を依頼すると、設計事務所が模型を作り、それをもとに協議を行っていました。つまりこの模型からそれぞれの頭の中で想像しなければならず、細かいイメージのすり合わせが難しいのが実情でした。Holostructionならイメージを可視化することで、認識のズレを完全に取り払った状態で協議ができます。小さな模型を用いる協議とは異なり、実物大のスケールで外観を確認できるばかりか、その建物の中に入って広さ、高さ、長さを直感的に体験できるので、発注者のイメージとの相違をすぐに発見できます。さまざまなパターンのホログラムも簡単に作成できるので、デザインパターンの検討や計画変更にも柔軟に対応できます。

■作業シミュレーションでリスク発見に貢献

Holostructionでは、現場のホログラムに建機、資材、人員といったオブジェクトを配置できます。これらを使うことで、施工前の作業動線の確認、現場の安全確認といったシミュレーションが可能となります。

今までは、施工が開始されないと見つからない安全上の問題も多く、都度施工を中断し、対策ができるまで作業待ちが発生することもありました。Holostructionでは現場に赴くことなく実物大の現場を安全に歩き回ることができるので、問題を事前にあぶり出し、フロントローディングを実現できます。

現場に建機や人員を設置し、動線確認などのシミュレーションができます。

特徴② 対面協議をゼロにする「遠隔コミュニケーション」

2つ目は、遠隔コミュニケーション機能です。

今までは、図面や模型、各種書類を見ながら協議を行う場合は、関係者が実際に1カ所に集まる必要がありました。Holostructionでは遠隔地をリモート接続し、仮想の会議室に集まって協議を行います。この機能により、従来のようにわざわざ移動して1つの場所に集まる必要がなくなるので、接触の機会を減らし、移動時間を大幅に削減できます。写真や書類などのデジタルデータもその空間に表示できるので、時間や場所の制限をなくし、対面と同等の協議を実現できるのです。

■ 距離の問題を解消する

遠隔コミュニケーション機能で、オフィス、施工現場、海外など、遠方にいる相手ともネットワーク上の仮想の会議室（共有スペース）に集まって協議ができます。

もちろん空間上に展開したホログラムなどのデータは、参加者全員同一のものが表示されます。例えば1人がホログラムのスケールを変更すると、他の全員の視界に表示されているホログラムのスケールも変更されるという具合です。

またHolostructionは、MR技術により全員が同じ空間に集まったかのような仮想空間を作り出します。互いの位置を相対的に認識するため、相手が動くとアバター（相手を模したホログラム）も動き、音声にも反映されます。まるで本当にその場に相手が存在しているかのようにコミュニケーションが行えます。

遠隔コミュニケーション機能により、遠隔地にいる相手ともゼロ距離で協議ができます。

■書類などのドキュメントも共有できる

Holostructionでは登録したホログラムだけではなく、図面が描かれた書類や施工現場の写真などのドキュメントも、仮想空間内の任意の位置に配置できます。ドキュメントはパソコンと同様、データをフォルダ単位で管理できます。書類の種類はもちろん、工程などの単位で階層化して整理して保存しておくことで、会議空間にすばやく反映し、ハンズフリーで協議を行うことが可能となります。

印刷する必要のない書類はすべてHolostructionにアップロードしておけば、今まで行っていた印刷などの工数を削減し、情報の共有を簡易化することができます。

ドキュメントも仮想空間上に配置することで、対面で行う場合と遜色ない協議を実現します。

■協議効率化により工期短縮を実現

HoloLens 2またはAndroidスマートフォン、そしてインターネット環境があれば会議に参加できるため、会議の開催場所を調整する必要がなくなります。そのため、会場の予約や開催日時の調整、会場までの移動といった工数が削減できます。会議の調整がスムーズになる分、全体的な工期の短縮にもつながります。

ホログラムやドキュメント共有といった機能によって、業務後に事務所へ帰社してから協議のための資料を用意するといった工数も削減でき、残業時間の短縮も期待でききます。

3つ目は、タイムスライダー機能です。

タイムスライダーは、登録した3Dホログラムに工程の段階や期間といった設定を付与することで、時間の概念をもった4次元のデータを作成する機能のことです。この機能により、ホログラムの状態を時間で変化させることができるようになります。過去・未来問わず施工のプロセスを自由に確認できるので、工程にまつわる協議や工事の進捗確認などが容易になります。

■すべての施工プロセスを可視化できる

タイムスライダー機能によって、設計から施工、検査、アフターメンテナンスまで、施工のすべてのプロセスをホログラムで可視化できます。Holostruction上ではステップ（段階）表や工程表を使って工程や時間を遷移すると、設定した時間軸に合わせてホログラムの状態も同時に遷移します。

いずれの表も直感的に操作できるので、誰でも簡単に必要な情報を取得できます。

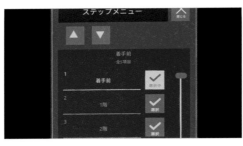

ステップ表では、施工の段階ごとにホログラムを変化させることができます。

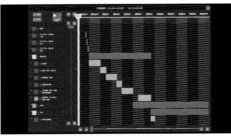

工程表では、工程とその期間でホログラムを変化させます。

■ 時間の操作による適切な情報共有

　Holostructionでは、従来の会議にはなかった時間という概念のある模型を使って、適切な情報共有が可能になります。

　時間軸を操作して、ホログラムを過去に戻したり、未来に進めたりすることが自由にできます。例えば工事の進捗に合わせてホログラムを変化させることで、現在の状況を3次元上で再現して報告することや、予実報告などにも活用できます。

時間を遷移することでホログラムの状態も遷移します。従来の協議ではできなかった新しい形の報告を実現します。

■ さまざまなシナリオに柔軟に対応

　ホログラムを段階で登録できることで、さまざまなシナリオにも対応できます。例えば建物の設計について協議する際、段階に合わせてCADデータのレイヤを変更することで、建物の各フロアの説明が容易となります。複数の設計パターンを組み合わせて、デザインパターンの検討や設計変更の協議にも活用できます。

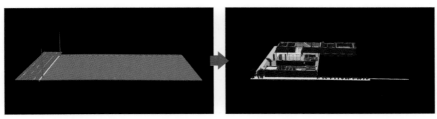

建物のフロアごとに段階を分け、段階ごとに登録するレイヤを変えることで、それぞれのフロアだけを表示して協議を行うことができます。

STEP 05 誰のために、どんなことに役立つのか

ここまで、HoloLens 2 と Holostruction の特徴について解説してきました。最後に、Holostruction の活用場所や期待できる効果について解説します。

Holostruction の活用例と期待できる効果

Holostruction は、施工関係者間で資料を共有することにより、円滑に施工を進めることを目的としたアプリケーションです。このアプリケーションを活用することで、以下のような効果が期待できます。

■ 発注者や地域住民へのスムーズな説明

建設物や工事現場を 3D 化して見せることで、発注者はもちろん近隣の地域住民への説明会などにも利用できると考えています。操作はほぼ直感的に行えるためハードルも低く、書面よりも容易にイメージを説明することができます。

■ 建設従事者の働き方を変える

協議の工数や時間を削減することで、家族との時間や自分の時間を増やしたり、新しい仕事のアイデアを考えたりと、時間をより有意義に使うことができるようになります。

■ 未来の担い手へ「かっこいい建設業」をアピール

Holostruction により建設業の未来を示し、3K（きつい、汚い、危険）のイメージを払拭し、スマートで魅力ある建設業の姿を次世代の担い手たちに示すことができます。

プロジェクト参加編

＜顧客（ゲスト）向け＞

Holostruction のインストール、および
MR 空間内での Holostruction 操作方法

STEP 01

Holostruction独特の基本操作を知る

HoloLens 2は空間や体の動きを使って操作するデバイスのため、最初は扱いや操作に戸惑うかもしれません。ここでは、HoloLens 2の外観から、Holostructionの基本的な操作方法まで解説します。

HoloLens 2・Holostructionの基本用語

　本書では、HoloLens 2やAndroidスマートフォンを使って会議に参加するHolostructionアプリと、パソコンを使って3Dホログラムなどを登録し、会議空間を作成するContents Build Systemの使い方をそれぞれ解説します。まずは、それらを操作するにあたって頻出する用語を解説します。

用語の定義

用語	説明
プロジェクト	工事単位のコンテンツデータ群です。
モデル	Holostructionに登録する3次元のCADデータです (fbx形式)。
アバター	Holostructionの会議上で表示される、ほかの参加者のホログラムです。相手の動きや目線をトレースし、可視化します。
ステップ表	工事の段階ごとにモデル切り替えを行う遷移表です。
工程表	工事の時間軸でモデル切り替えを行う遷移表です。
ドキュメント	会議中に共有する文書や画像などの2次元の資料 (ファイル) です。モデルを補足説明するなどの用途で登録します。
仮想会議空間	関係者間でモデルやドキュメントなどのコンテンツを配置・共有しながら会議を行うための、Holostruction上の仮想空間です。

HoloLens 2の外観と各種ボタンの操作方法

　HoloLens 2の正面のバイザーにはシースルーのレンズが取り付けられており、この
レンズを通して仮想環境が映し出されます。バイザーにはフリップアップ機能があ
り、バイザーを上に持ち上げることで、HoloLens 2を頭から取り外すことなく視界を
クリアにできます。眼鏡をかけたままの装着も可能です。

　そのほか、動きを追跡する環境認識カメラ、キャプチャー（写真撮影）用のRGB カ
メラ、深度センサー、マイクなどが装着されています。

Ⓐ環境認識カメラ
ⒷRGBカメラ
Ⓒレンズ
Ⓓ深度センサー

　HoloLens 2の右側には、各種電源操作を行う電源ボタン、充電などに使用するUSB
Type-Cコネクタ、音量ボタン、スピーカーがあります。音量ボタンは音量を調整す
るほか、両方のボタンを同時に1回押すとスクリーンショットを撮影し、長押しする
と動画を撮影します。

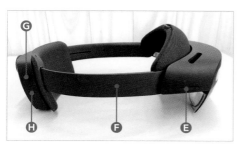

Ⓔ音量ボタン
Ⓕスピーカー
Ⓖ電源ボタン
ⒽUSB TypeC コネクタ

電源ボタンの操作

現在の状態	操作内容	機能
電源オフ	長押し	電源オン
電源オン	1回押してすぐ離す	スリープ
	5秒以上長押し	電源オフ
	10秒以上長押し	強制再起動

　左側には、輝度（明るさ）を調整する輝度ボタン、スピーカーがあります。スピーカーは左右にあり、空間を認識して音が立体的に聞こえます。

Ⓘ輝度ボタン
Ⓙスピーカー

　裏側には、締め付け具合を調整する調整ホイールがあります。装着具合の調整は、この調整ホイールで行ってください。

Ⓚ調整ホイール

ハンドジェスチャによる操作方法

　HoloLens 2はパソコンやスマートフォンと異なり、目の前の空間に対して自分の手を使って「ハンドジェスチャ」操作を行います。レンズを通して目の前の空間にホログラムが表示されますが、ホログラムが近くにある場合と、遠くにある場合とでジェスチャが異なります。最初は戸惑うかもしれませんが、少し操作するだけですぐに慣れるはずです。

　ここでは、基本的なハンドジェスチャを解説します。ハンドジェスチャを行う場合は、HoloLens 2に手を認識させる必要があります。レンズの前に手をかざすように意識してジェスチャを行ってください。

　HoloLens 2で表示されるホログラムは、自分が動くことで近づいたり離れたりすることができます。また、頭を動かすことで視線の先に追従するホログラムもあります。

■ タップ

　ホログラムが近くにあるとき、ホログラムに人差し指を近づけると、指の先に白いリングが表示されます。ボタンなど選択したい対象にリングを合わせ、ボタンを押すようなジェスチャを行いましょう。これをタップといい、タップすることで対象を選択することができます。なお、白いリングが表示された状態で人差し指をさっと上下左右に動かすと、スマートフォンなどと同様にスクロールができます。パソコンのような右クリックメニューを表示したいときは、ホログラムをロングタップ（長押し）します。

❶人差し指をホログラムに近
　づけると、白いリングが表
　示されます。

❷ホログラムの選択したいボ
タンなどに白いリングを合
わせ、前に押し込むような
ジェスチャを行うと、タッ
プされます。

■キーボードを操作する

　HoloLens 2では、ソフトウェアキーボードを使って文字や数字などを入力すること
ができます。キーボードはパソコンのキー配列と同じQWERTYキーボードと、数字
を入力するテンキーボードの2種類があります。入力が必要な場面になったら、自動
で画面上に表示されます。キーをタップすることで入力が可能です。

パソコンやスマートフォンと同様に、
キーボードのキーをタップすること
で入力が可能です。

■近くのものをつかむ

　ホログラムが近くにあるとき、ホログラムの上で手を握ったり、親指と人差し指で
つまんだりするジェスチャを行うと、つかむ操作ができます。ホログラムの位置を動
かしたり、回転させたり、スライダーを動かしたりする場合にこの操作を行います。

❶ホログラムの上で手を握る
と、ホログラムをつかむこ
とができます。

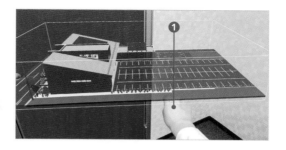

❷つかんだまま手を動かすと、
ホログラムを好きな位置に
移動できます。ホログラムを
離すときは、手を広げます。

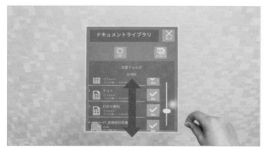

スライダーを操作する場合は、つま
みを親指と人差し指でつかみ、上下
左右に動かします。

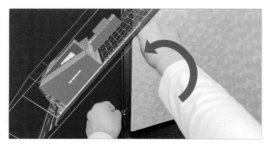

つかむジェスチャを両手で行うと、
回転などの操作が可能です。

■エアタップ

　ホログラムが遠くにあるときは、手からビーム（ハンドレイ）が表示されます。このハンドレイを使って、遠くのホログラムを操作できます。

　遠くのホログラムを選択するには、エアタップというジェスチャを行います。エアタップを行うには、ハンドレイをホログラムに合わせ、親指と人差し指をつまむように合わせます。そして、そのまま人差し指をさっと上方向に上げます。

❶ハンドレイが表示されていることを確認し、ハンドレイをホログラムに合わせます。

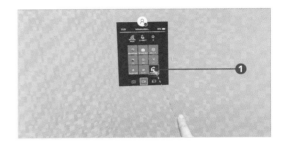

❷親指と人差し指を合わせます。

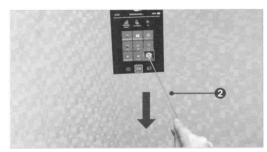

❸天井を指すように人差し指をさっと上方向に上げると、エアタップされます。

■遠くのものをつかむ

　ホログラムが遠くにあるときは、ハンドレイを使ったつかむジェスチャで場所を動かしたり、近くに引き寄せたり、回転したりするなどの操作ができます。

　遠くのホログラムをつかむには、ハンドレイをホログラムに合わせ、親指と人差し指をつまむように合わせましょう。

❶ハンドレイをホログラムに合わせ、親指と人差し指をつまむように合わせます。

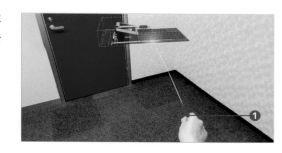

❷つかんだまま手を動かすと、ホログラムを移動することができます。ホログラムを離すときは、親指と人差し指を離します。

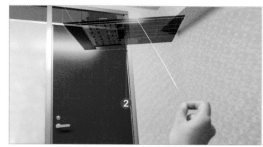

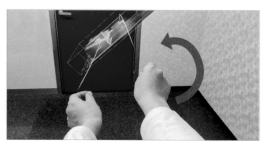

つかむジェスチャは両手でも行うことができます。両手でホログラムをつかみ、回転などの操作が可能です。

スタートメニューを操作する

HoloLens 2では、スタートメニューよりHolostructionを起動したり、各種設定を行ったりします。ここでは、HoloLens 2の操作の起点となるスタートメニューの各項目と、スタートメニューの表示方法（スタートジェスチャ）を2種類解説します。

■スタートメニューの各項目

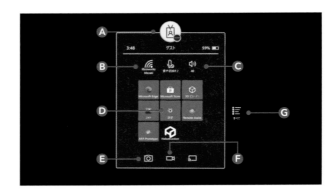

各項目の詳細

項目	説明
Ⓐサインアウト	このユーザーをサインアウトします。
Ⓑwi-Fi	Wi-Fiの設定を開きます。
Ⓒ音量	音量を調整します。
Ⓓ設定	設定一覧が表示されます。タップ（エアタップ）することで起動します。
Ⓔカメラ	静止画を撮影します。
Ⓕビデオ	動画を撮影します。
Ⓖすべてのアプリケーション	インストール済みのすべてのアプリを表示します。

■スタートメニューを両手で表示する

　スタートメニューを両手で表示してみましょう。左右いずれかの手をレンズの前に出し、手首の内側を手前に向けます。すると、手首にWindowsロゴが表示されます。その状態で、もう片方の手の人差し指でWindowsロゴをタップします。すると、スタートメニューが表示されます。同様の操作を行うと、閉じることができます。

❶ レンズの前に左右いずれかの手を出し、手首の内側を手前に向けます。手首にWindowsロゴが表示されます。

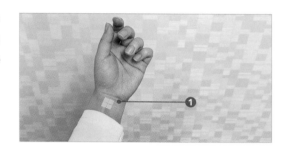

❷ Windowsロゴを人差し指でタップします。

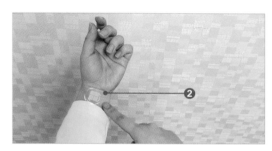

❸ スタートメニューが表示されます。一度表示されれば、手を下げても表示され続けます。

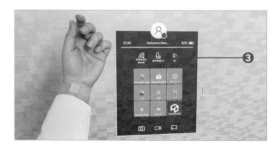

■スタートメニューを片手で表示する

　スタートメニューは片手でも表示／非表示の操作ができます。両手での操作と同様、手首をレンズに向けてWindowsロゴを表示したら、親指と人差し指を合わせます。これでスタートメニューが開きます。

　なお、この操作は使用するユーザーが視線調整（P.45参照）を行っていないと反応しない場合があります。

❶レンズの前に左右いずれかの手を出し、手首の内側を手前に向けます。手首にWindowsロゴが表示されます。

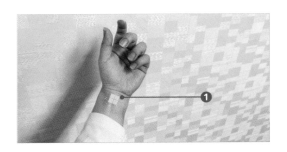

❷レンズの前に出している手の、親指と人差し指を合わせます。

❸スタートメニューが表示されます。同様の操作を行うと、閉じることができます。

プロジェクトに参加する ための準備と推奨環境

会議に参加するための事前準備を行います。ここでは、会議に必要なものと、HoloLens 2のセットアップ方法、HoloLens 2が快適に動作するための環境設定方法を解説します。

会議参加に必要なものを用意する

　HoloLens 2とHolostructionを使ってプロジェクトの会議に参加するために、事前準備を行います。

　HoloLens 2はMicrosoftのWindows 10をベースにしたデバイスであるため、ログインするために個人または法人のMicrosoftアカウントを用意してください。また、Wi-Fi環境も必要です。さらに、プロジェクトの会議室を作成した主催者より招待メールが届くので、そちらもメールやスマートフォンで開いておきます。

　Holostructionは、体を動かしながら操作します。レンズを通して現実の空間もきちんと見えますが、ホログラムの操作に集中して怪我をしないようくれぐれも注意し、周りに何もない安全な空間で操作を行ってください。

会議参加に必要なもの
- ・HoloLens 2本体
- ・個人または法人のMicrosoft アカウント
- ・会議室への招待メール

HoloLens 2のセットアップを行う

　まずはHoloLens 2の電源スイッチを1回押して電源を入れ、画面に表示されている
Windowsマークをタップします。あとは画面に従って、MicrosoftアカウントやWi-Fi
などの設定を行います。

　セットアップにて、基本的なジェスチャの練習もできます。

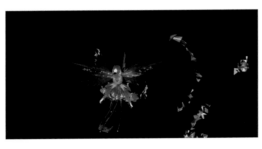

Windowsマークをタップすると、ハ
チドリが現れます。基本的なジェス
チャの練習を行いましょう。

地域や言語、Wi-Fi、Microsoftアカウ
ントの設定のほか、PINや虹彩認証
によるサインインの設定、視線の調
整なども行います。

図のようなスタートメニューが表示
されたら、セットアップは終了です。

次回起動時は、設定したサインイン方法に従ってサインインを行います。

サイン イン画面の例です。PINを設定した場合、PINを入力してサインインします。虹彩認証を設定した場合、この画面は表示されません。

■サインアウトする方法

　例えばHoloLens 2を複数のユーザーと共有して使う場合などは、HoloLens 2からサインアウトして、改めて個々のMicrosoft アカウントでサインインする必要があります。
　サインアウト後は、サインイン画面から改めてアカウント情報を入力し、サインインしてください。

❶スタートジェスチャを行い、スタートメニューを表示します。
❷上部の人物アイコンをタップします。

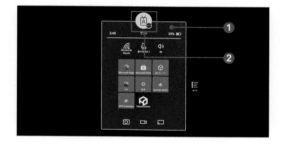

❸「サインアウト」をタップするとサインアウトします。

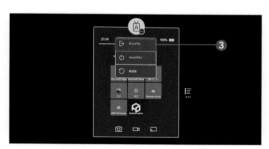

Wi-Fiの設定を変更する

　接続するWi-Fiを変更する場合は、スタートメニューのWi-Fiアイコンから設定します。Windows 10のパソコンの設定と同様、「自動的に接続」にチェックを入れておくと、次回起動時、設定したWi-Fiに自動的に接続します。

　ネットワークの詳細な情報を確認したい場合は、設定アプリを起動し、「ネットワーク」をタップすると確認できます。

❶ スタートジェスチャを行い、スタートメニューを表示します。

❷ Wi-Fiアイコンをタップします。

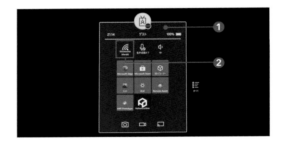

❸ 接続したいネットワーク名をタップします。

❹ 「接続」をタップし、Wi-FiのSSIDを入力します。

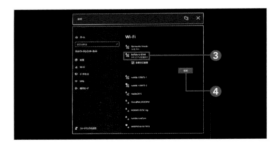

❺ 選択したネットワークに接続されます。

視線を調整する

HoloLens 2は体の動きのほか、視線も追跡（アイトラッキング）しています。セットアップした人と別の人が使用する場合や、画面の動きが視線と合わないなどの違和感がある場合は、改めて視線調整を行うことをおすすめします。

このほか、ウィンドウのテーマカラー（ライトモード、ダークモード）の変更や、画面の色調整なども可能です。

❶ スタートジェスチャを行い、スタートメニューを表示します。
❷ 「設定」をタップします。

❸ 「システム」をタップします。

❹ 「調整」をタップします。
❺ 「視線調整の実行」をタップします。

❻画面上の四隅がしっかり見えるようバイザーを装着し、「次へ」をタップします。

❼視線の調整を始めます。「次へ」をタップします。

❽宝石のホログラムに合わせて視線を動かします。

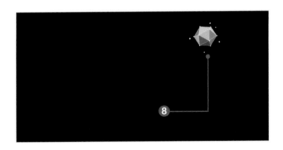

❾「完了」をタップして調整を終了します。

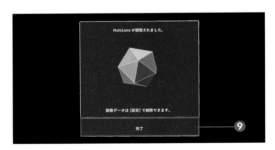

Holostructionを インストールする方法

HoloLens 2のセットアップが終わったら、続いてHolostructionアプリのインストールを行います。アプリは「Microsoft Store」に公開されており、そこからインストールが可能です。

Holostructionアプリの導入方法

　HoloLens 2にHolostructionアプリをインストールし、HoloLens 2で使用できるようにします。アプリはWindowsのパソコンと同様、Microsoft Storeアプリから検索してインストールします。

　アプリはインストール後、スタートメニューに追加されます（追加されない場合はP.156の方法で追加できます）。

　なおHolostructionは、ネットワークに接続されていれば自動でアップデートされます。更新のためにわざわざMicrosoft Storeアプリを起動する必要はありません。

❶スタートジェスチャを行い、スタートメニューを表示します。

❷「Microsoft Store」をタップします。

❸Microsoft Store が起動し、ウィ
ンドウが表示されます。
❹「検索」をタップします。

❺キーボードが表示されるの
で、「Holostruction」と入力し
ます。
❻「検索」キーをタップします。

❼検索結果が表示されるので、
「Holostruction」アプリをタッ
プします。

❽「入手」をタップすると、イ
ンストールが始まります。

❾インストールが完了したら、
「×」をクリックしてウィンド
ウを閉じます。

❿スタートメニューを表示す
ると、Holostructionが表示さ
れます。

　インストール時にアカウントの情報を求められた場合は、画面に従ってMicrosoft
のメールアドレスやパスワードなどを入力してください。

STEP 04

MR空間での会議に 参加するための設定手順

ここでは、Holostructionにサインインし、招待されている会議室に入室する手順を解説します。招待メールを手元に用意したうえで、それぞれの操作を行ってください。

Holostructionにサインインする

　Holostructionで会議に参加するには、メールなどで招待されているMicrosoftアカウントでHolostructionにサインインし、会議室に入室します。なお、途中でユーザーコードを入力するためにWebブラウザを開く必要があります。Holostruction上でもブラウザを開くことはできますが、パソコンやスマートフォンのほうが簡単に入力できるのでおすすめです。ここではパソコンを使って入力操作を行います。

❶ スタートジェスチャを行い、スタートメニューを表示します。

❷「Holostruction」をタップします。

❸ Holostructionのロゴが表示されるので、しばらく待機します。

❹「新規にサインイン」をタッ
プします。

※一度サインインしてアカウントを
保存している場合は、P.52から参加
できます。

❺ユーザーコードが発行され
ます。

❻URLが表示されるので、パソ
コンのWebブラウザに入力
します。

※「ブラウザ起動」をクリックする
と、Holostruction上でWebブラウザ
を起動できます。

❼Webブラウザにサインイン
用のURLを入力します。

❽サインイン画面が表示され
たら、ユーザーコードを入
力します。

❾「次へ」をクリックします。

⑩プロジェクトの招待メール
が届いているメールアドレ
スを入力します。
⑪「次へ」をクリックします。

⑫Microsoftアカウントのパス
ワードを入力します。
⑬「サインイン」をクリックし
ます。

⑭「続行」をクリックすると、
サインインが完了します。

サインインが完了したら、パソコンのブラウザ画面は
閉じて構いません。

⑮ Holostructionでは、図のような
ウィンドウが表示されます。

⑯ 次回以降も同じユーザーで
利用するなら「はい」をタッ
プすると、アカウント情報
の入力を省略できます。

※一時的な利用であれば「いいえ」を
タップします。

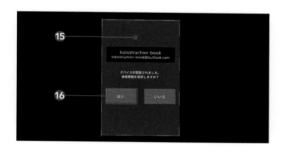

⑰ アカウントの設定が完了し、
会議室選択画面が表示され
ます。

次回起動時は、新たにアカウント名が表示されたボタ
ンが表示されます。このボタンをタップすることで、
容易にサインインが可能です。

会議室に入室する

　招待メールに記載されている情報をHolostructionに入力し、会議室に入室します。会議室の参加方法は招待された会議室IDから参加する方法・QRコードから参加する方法・会議室一覧から参加する方法の3つがあります。

　招待の方法は、P.152を参照してください。

■会議の参加方法

❶招待された会議室IDから参加する
　（下記参照）

❷招待されたQRコードから参加する
　（P.55参照）

❸会議室一覧から会議室に参加する
　（P.56参照）

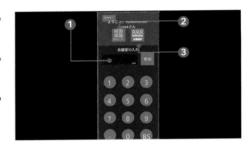

■招待された会議室IDから参加する

❶会議室選択画面で入力欄を
　タップし、下のテンキーを
　使って「会議室ID」を入力し
　ます。

❷「参加」をタップします。

■QRコードから参加する

❶会議室選択画面で「QRコード」をタップします。

❷初回のみ、カメラのアクセスを許可するメッセージが表示されます。「はい」をタップします。

❸HoloLens 2のカメラが起動します。

❹枠内にメールのQRコードをおさめて、会議室情報を読み取ります。

■ 会議室一覧から参加する

❶「会議選択」をタップします。

❷「◀」「▶」をタップして参加するプロジェクトを選択します。

❸つまみでスクロールして、参加する会議室を探します。

❹「参加」をタップします。

■ 会議室に入室する

❶それぞれの操作が終わると、ロケーション作成画面が表示されます。ここには、すでに参加中の人数や、作成されているロケーションが表示されます。

モデルを空間上に設置する

　会議室に入室したら、ロケーションを作成します。ロケーション作成とは、現在いる場所をHolostructionに認識させることです。

　ロケーションを作成したら、続けて空間上の好きな場所にモデルを配置します。モデルの大きさは、P.121で初期表示として設定されている縮尺になります。

❶P.56から続けて操作します。
「ロケーション作成」をタッ
プします。

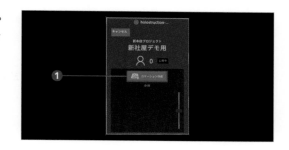

❷「Place On Floor」の円が表示
されたら、床面に視線を移
動します。

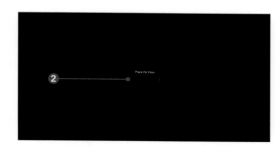

❸円が大きくなる場所へ移動
し、モデルを配置したい位
置で円をエアタップします。

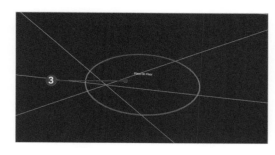

❹円柱が表示されます。モデ
ルを設置したい場所まで視
線を動かして円柱を移動さ
せ、エアタップします。

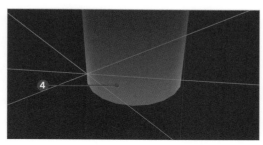

❺モデルが空間上に現れたら、
設置は完了です。

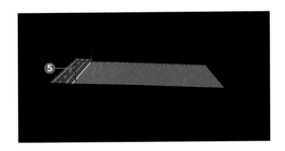

■作成済みのロケーションに追加で参加する

　同じ部屋から複数人が会議に参加する場合は、一からロケーションを作成するのではなく、すでに作成されているロケーションに追加で参加するほうが手間も少なく、すばやく会議に参加できます。

　会議室へ入室後、「参加」をタップして同じロケーションに参加できます。

❶ロケーション画面で、参加
したいロケーションの「参
加」をタップします。

❷すぐに同じロケーションで
会議室に入室できます。

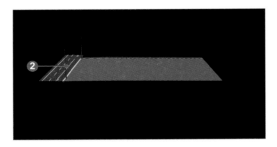

遠隔地の参加者はアバターで表示される

　遠隔地の参加者など、自分のロケーションとは別のロケーションで参加している人は、アバターとして表示されます。相手側でも、自分がアバターとして映し出されます。

　アバターは参加者ごとに色分けされます。アバターの頭上にある三角のマークがHoloLens 2の位置を表しており、三角のマークの上には、参加者の名前とアカウントが表示されます。

　Holostructionはお互いの位置関係を認識してアバターを表示します。相手や自分が動けば、アバターの位置や音声が聞こえる位置も同時に移動します。さらに、アバターには相手の目線やハンドレイが可視化されるので、どこを見ているのか、どこを指しているのかといった情報も簡単に確認できます。

相手の動きをトレースし、アバターとして表示されます。アバターの色は参加者ごとに変わります。目線やハンドレイも、アバターごとに色が変わって表示されます。

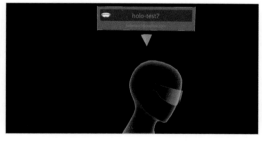

頭上には名前とアカウントが表示されます。

MR空間での基本操作

ここでは、Holostructionの主な操作方法を解説します。モデル操作はもちろん、工程表やドキュメントの表示など、打ち合わせをスムーズに行うためのあらゆる機能が用意されています。

メインメニューの説明

　Holostruction内でモデルやドキュメント（資料）などを操作する際は、メインメニューパネルを表示します。メインメニューはHolostructionにおけるあらゆる操作の起点となるメニューです。左右いずれかの手首をレンズの前にかざすとすぐに表示され、手を下ろすと非表示になります。必要なときに呼び出し、各種操作を実行しましょう。なおこのとき、手首のWindowsロゴをタップすると、メインメニューパネルとは別にスタートメニュー（P.38参照）パネルが表示されます。Holostruction起動中でも、スタートメニューの操作も可能です。

　メインメニューは人の動きに追従するパネルのため、自身が移動するとパネルも一緒に移動します。

❶左右いずれかの手首の内側をレンズの前に出します。

❷メインメニューパネルが表示されます。

※手を下ろすと非表示になります。

■メインメニューパネルの各項目

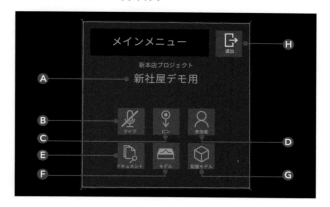

各項目の詳細

項目	説明
Ⓐ会議室情報	現在参加中の会議室名です。
Ⓑマイク	タップすることでマイクをオン／オフにできます。デフォルトはオフ（ミュート）状態です（P.62参照）。
Ⓒピン	モデル上の任意の場所をタップすることで、注目してほしい箇所にピンを立てられます（P.78参照）。
Ⓓ参加者	現在会議に参加しているユーザー情報を表示します（P.79参照）。
Ⓔドキュメント	工事に関する書類や画像が保存されているフォルダを表示します（P.80参照）。フォルダから、空間の任意の場所にドキュメントを配置できます。
Ⓕモデル	モデルを操作する際のパネルを表示します（P.62参照）。
Ⓖ配置モデル	建機モデルを選択し、任意の空間内に配置します。
Ⓗ退出	会議室からログアウトします（P.86参照）。

マイクをオン／オフにする

　メインメニューのマイクをタップすると、HoloLens 2のマイクがオンになります。HoloLens 2のスピーカーは会議室にいる人物の位置や距離などの空間を認識したうえで、音響を立体的に伝えます。例えば自分の左側に相手がいる場合、こちらの音声は相手のスピーカーの右側から聞こえます。相手との距離によって、聞こえる声の大きさも変化します。

　なお、発言中のアバターは光るので、誰が発言をしているか視覚でも認識できます。

❶手を前にかざし、メインメ
　ニューを表示します。
❷「マイク」をタップします。

❸マイクがオンになり、自分
　の声が相手のHoloLens 2よ
　り聞こえます。

※もう一度タップするとオフになり
　ます。

モデル操作パネルの説明

　空間上のモデルは工程ごとに表示を遷移したり、ものさしで距離を測ったり、縮尺を変更したりとさまざまな操作ができます。モデルを操作するには、モデル操作パネルを表示しましょう。このパネルは、メインメニューと異なり「×」をタップしない限り表示され続けます。

❶ メインメニューの「モデル」
をタップします。

❷ メインメニューパネルとは
別に、モデル操作パネルが
表示されます。

■ モデル操作パネルの各項目

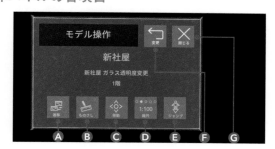

各項目の詳細

項目	説明
Ⓐ遷移	モデルの状態を遷移できます（P.65参照）。
Ⓑものさし	モデル内の2点間の長さを測ることができます（P.71参照）。
Ⓒ移動	モデルを自由に動かすことができます（P.73参照）。
Ⓓ縮尺	モデルのスケールを変更できます（P.70参照）。
Ⓔジャンプ	空間上の好きな場所に移動できます（P.75参照）。
Ⓕ変更	登録されているほかのモデルに変更できます（P.77参照）。
Ⓖ閉じる	モデル操作パネルを閉じます。

ステップごとにモデルを遷移する

　モデルの遷移方法については、P.110にてステップ表または工程表のどちらを設定したかによって、表示が変化します。ここではまず、ステップ表に設定した場合の操作方法について解説します。

　ステップ表とは、モデルを工事の段階ごとに切り替える表のことです。ステップをタップすると、その時点での工事の様子が表示されます。

❶モデル操作パネルの「遷移」
　をタップします。

❷ステップメニューパネルが
　表示されます。
❸つまみをスライドし、表示
　したいステップを探します。
❹表示したいステップの「選
　択」をタップします。

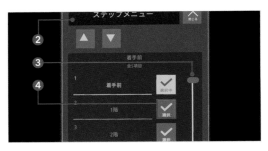

❺選んだ状態にモデルが遷移します。
※ステップメニューの「▲」「▼」をタップしても、同様に遷移します。

工程表からモデルを遷移する

　P.113のように工程表を設定した場合について解説します。工程表とは、モデルを時間軸で遷移する表のことです。空間上には工程表パネルが表示され、さまざまな工程期間からモデルの遷移を確認したり、工程一覧を確認したりすることができます。

❶ モデル操作パネルの「遷移」をタップします。

❷ 工程表パネルが表示されます。

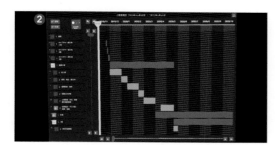

■ 工程表パネルの各項目

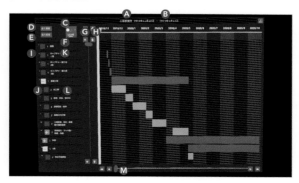

プロジェクト参加編　｜　ＭＲ空間での基本操作

各項目の詳細

項目	説明
Ⓐプロジェクト名	プロジェクト名を表示します。
Ⓑプロジェクト期間	登録されている工程の最小開始日と最大終了日を表示します。
Ⓒ表示期間切り替え	工程期間を切り替えます。初期表示は12カ月です（P.69参照）。
Ⓓ全て展開	工程リストをすべて展開します（P.69参照）。
Ⓔ全て収束	工程リストをすべて収束します（P.69参照）。
Ⓕ工程リスト	登録されている工程リストを表示します。最大5階層まで表示できます。
Ⓖ工程リスト1行スクロール	工程リストを上下に1行分スクロールします。
Ⓗ工程リストページスクロール	工程リストを上下に1ページ分スクロールします。
Ⓘタイムスライダー	空間に表示されているモデルの状態を遷移するスライダーです（下記参照）。
Ⓙ展開・収束	対象の工程が未展開の場合は、展開して直下にある子工程を表示します。展開済みの場合は、子工程を収束し非表示にします（P.68参照）。
Ⓚ工程階層番号	対象の工程の階層番号を表示します。
Ⓛ工程名	対象の工程名を表示します（最大全角20文字分）。
Ⓜ工程リストスクロール	工程リストを左右にスクロールします。
Ⓝ警告	工程表に登録不備がある場合、警告アイコンやメッセージが表示されます。

■ タイムスライダーでモデルを遷移する

　工程表内のタイムスライダーを移動することで、時間の経過とともにどのように工事が進むかを確認することができます。タイムスライダーをつまみ、左右に動かすことで、時間とともにモデルが遷移します。

❶ タイムスライダーをつまみ、
左右に動かします。

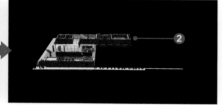

❷ タイムスライダーの位置によって、モデルが遷移します。

■ 工程をタップして遷移する

タイムスライダーのほか、工程表の工程部分をタップ（エアタップ）することでも、同様にモデルを遷移できます。ある時間からある時間へ一気に遷移させたいときなどに便利な機能です。

工程表は、それぞれの工程期間を帯状グラフで表示します。遷移したい帯部分をタップ（エアタップ）すると、その時点でのモデルが表示されます。

■ 工程表の階層を展開／収束する

　工程表パネルの左側に表示される工程リストは、階層化されています。階層化された工程は、展開（表示）したり収束（非表示）したりできます。工程は最大5階層まで表示可能です。必要な工程を展開し、不要な工程を収束することで、工程表がスッキリとした見た目になります。

　一度にすべての階層を展開したり、収束したりすることも可能です。

❶展開したい階層の「＋」を
　タップします。

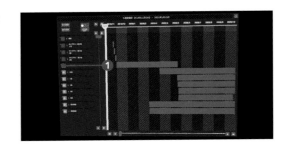

❷配下の階層が展開されます。

❸収束したい階層の「－」を
　タップします。

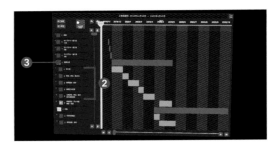

❹階層が収束されます。

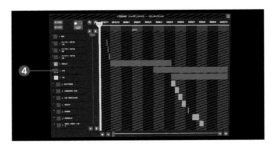

❺すべての工程を展開するには、「全て展開」をタップします。

❻すべての工程が展開されます。

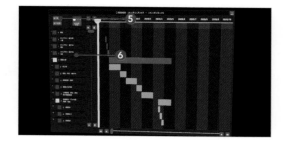

❼すべての工程を収束するには、「全て収束」をタップします。

❽工程がすべて収束されます。

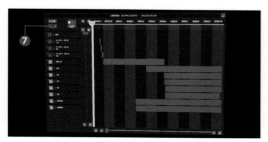

■工程表の表示期間を切り替える

　工程表の表示期間を切り替えることで、帯状グラフの表示期間を変更することができます。初期表示は12カ月ですが、6カ月、1カ月という表示に順次切り替えることが可能です。

　「短い期間の工事なので、もっと短い時間軸で確認したい」「1年の流れを俯瞰で確認したい」などの用途に合わせて、表示期間を適宜変更してください。

❶「12カ月」をタップします。

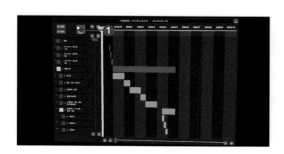

❷期間が6カ月に変更されます。

❸続けて「6カ月」をタップします。

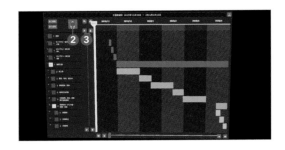

❹期間が1カ月に変更されます。

　工程表は、右上の「×」をタップすることで閉じることができます。

モデルのスケールを変更する

　モデル操作パネルの縮尺より、空間上に表示されるモデルのスケール（縮尺）を変更できます。スケールは以下のようなサイクル順で表示されるため、任意のスケールを一覧から選択するというような操作はできません。

　表示できるスケールは、モデル登録時に選択したもの（P.121参照）のみです。

スケール遷移例

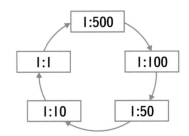

❶モデル操作パネルの「縮尺」
をタップします。

❷次のスケールに変化します。

❸もう一度「縮尺」をタップす
ると、さらに次のスケール
に変化します。

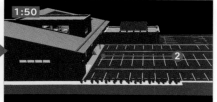

ものさしで2点間の距離を測る

　モデル操作パネルのものさしを選択し、モデル上の2点をエアタップで指定するこ
とで、実際の長さを測ることができます。ものさしの色は、操作している人のアバ
ターと同じ色で表示されます。

　この操作はスケールに関係なく使用できます。

❶モデル操作パネルの「ものさし」をタップします。

❷ピンが表示されます。モデル上の測りたい距離の始点となる場所に視線を移し、エアタップします。

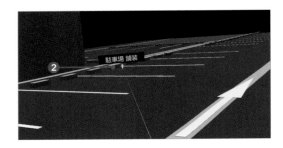

❸始点が決定されます。
❹終点用のピンが表示されるので、測りたい距離の終点となる場所に視線を移し、エアタップします。

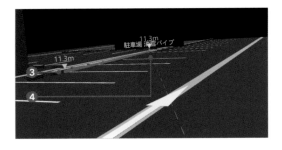

❺2点間の距離が表示されます。単位は自動的に変更されます。

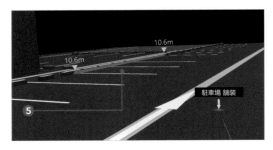

❶〜❹を繰り返して、続けて別の場所を計測できます。

ものさしを終了するには、モデル操作パネルの「ものさし」をタップします。

モデルを移動・回転する

　モデル操作パネルの移動より、空間上のモデルをつかみ、好きな場所に移動したり回転させたりすることができます。近距離なら直接つかんで操作でき、遠距離ならハンドレイで操作できます。

　モデルをつかむジェスチャを行うと、モデルの周りには青い枠が表示されます。これが、移動などの操作が可能になった合図です。

❶モデル操作パネルの「移動」
　をタップします。

❷つかむジェスチャを行います。
❸モデルの周りに青い枠が表
　示されます。

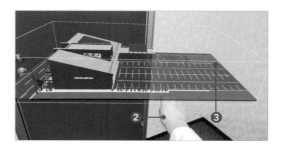

❹そのまま手を動かし、任意
の場所でつかむジェスチャ
を解除する（手を開く）と、
モデルを移動できます。

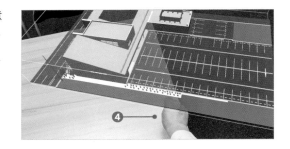

❺モデルが遠くにある場合は、
ハンドレイで移動すること
も可能です。

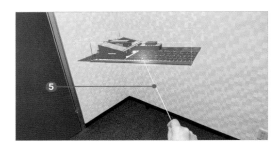

❻回転をするには、両手でつ
かむジェスチャを行います。

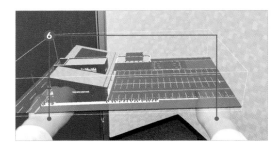

❼手を回転させる動作を行うこ
とで、モデルが回転します。

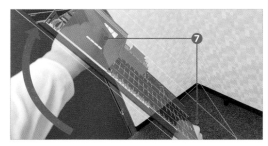

　モデルが遠い場合、両手のハンドレイでモデルをつかむことで、同様の回転操作を
行うことができます。

モデルをジャンプする

　モデル操作パネルのジャンプはモデル内の任意の場所に瞬間移動できる機能で、1:1スケールの場合のみ利用できます。移動先を小刻みに指定すると、実際に歩いているような感覚で移動できます。もちろん直接歩いてもよいのですが、現実の会議室などのスペースは限られているので、ジャンプ機能も活用することをおすすめします。

　建物をつかんで腕を上下に動かせば、2階以上に登る、逆に下に降りるなどの操作も可能です。

❶ モデル操作パネルの「ジャンプ」をタップします。

❷ ピンが表示されます。移動したい場所に目線を向け、エアタップします。

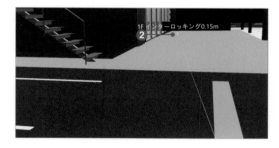

❸ エアタップした場所に即時移動します。

❹建物で2階以上へ行きたい場合は、ハンドレイが表示されている状態でモデルの上側をつかんで、手を下側に下げます（自分の体を上側に上げるイメージです）。

1F 中央棟 屋外階段A 踏板

❺手を離すと上部へ移動します。下へ降りる場合は、反対にモデルの下側をつかんで手を上側に上げましょう。

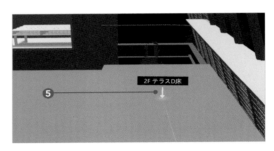

2F テラスD床

1:1スケールでは、モデルを実際の大きさで確認しながら、すみずみまで歩いて見ることができます。しゃがんだり周囲を見回したりしながら、現場の状況や建物のイメージを確認します。

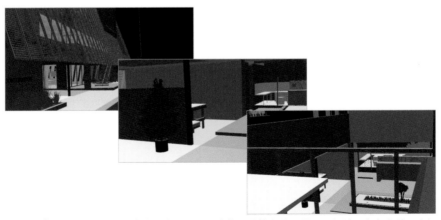

ジャンプ機能を使うほか、実際に歩きながら建物や現場を見て回ることができますが、くれぐれも周囲の状況には注意してください。

モデルを変更する

　モデル操作パネルの「変更」より、会議室に登録されているほかのモデルに変更することができます。別のモデルに切り替えて会議を続ける場合でも、わざわざログインからやり直す必要がないので、スムーズに進行できます。

❶モデル操作パネルの「変更」
　をタップします。

❷モデル切替パネルが表示されます。

❸切り替えたいモデルを選び、「選択」をタップします。

❹別のモデルに切り替わります。改めて会議を続けましょう。

※手順❷の画面の「▲」「▼」でもモデルを切り替えることができます。

ピンを立てる

　モデル操作パネルのピンは、モデルの任意の場所にピンを立て、参加者の注目を集めることができる機能です。ピンは操作をした人のアバターと同じ色で表示され、音も鳴ります。機能を解除しない限り、続けて別の場所にピンを立て直すこともできます。

　モデルの特定の場所を指定して、提案をしたり意見を述べたりする場合などに利用するとよいです。

❶ メインメニューの「ピン」を
　タップします。

❷ モデル上の任意の場所にハ
　ンドレイを移動します。
❸ ピンを立てたい場所でエア
　タップします。

❹ ピンが立てられ、音で知ら
　せます。ピンの色はアバター
　により異なります。

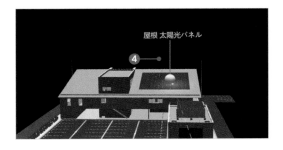

ピンを終了するには、メインメニューの「ピン」をタップします。

参加者のステータスを表示する

　メインメニューの参加者より表示される会議室情報では、会議に参加しているユーザーの人数や名前、ロケーション（部屋）、アバターの色、参加デバイスなどのステータスを確認できます。なお、ユーザー名はMicrosoftアカウントに登録されている名前で表示されます。

　作成されているロケーションには、それぞれ番号が割り振られます。

❶メインメニューの「参加者」
　をタップします。

❷自分自身と参加者のステー
　タスが表示されます。
❸「閉じる」をタップすると、
　会議室情報パネルが閉じら
　れます。

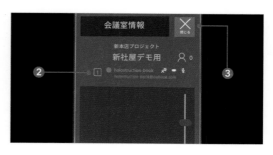

ドキュメントを表示する

　メインメニューのドキュメントは、工事に関する書類や写真を、会議に参加しているユーザーと共有・閲覧できる機能です。ドキュメントの情報は鮮明に表示されるため、文字などの情報もしっかり読むことができます。

❶メインメニューの「ドキュメント」をタップします。

❷ドキュメントライブラリパネルが表示されます。

❸スライドをつまみ、開きたいフォルダを探します。

❹開きたいフォルダの「表示」をタップします。

❺フォルダ内のファイルが表示されます。

❻開きたいファイルの「表示」をタップします。

　ドキュメントライブラリパネルで「上へ」をタップすると、1つ前の階層に戻ります。「更新」をタップすると、最新情報に更新されます。「全て閉じる」をタップすると、展開しているドキュメントを一度に閉じることができます。

❼「Air-tap to Place Window」の
　パネルが表示されます。

❽ ハンドレイで配置したい場
　所にパネルを動かし、エア
　タップします。

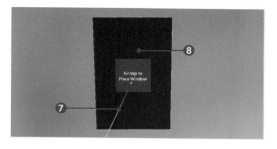

❾ 空間上にドキュメントが配
　置されます。

　❶～**❾** を繰り返すことで、空間上に複数のドキュメントを配置することができます。

図面や文字などの情報も鮮明に表示
されるため、協議もスムーズに進め
ることができます。

プロジェクト参加編 | MR空間での基本操作

モデルと同様、ドキュメントもつかむジェスチャを行うことで、配置場所を変えたり、回転したりといった操作が可能です。参加者から見えづらい場所に配置してしまった場合は、配置場所を移動するとよいです。

ドキュメントが遠い場合、歩いて近づくか、つかむジェスチャで自分のほうに引き寄せます。ただし動かすとほかの人から見えづらくなる可能性があるので、周囲に配慮しながら行ってください。

■ドキュメントの各項目

各項目の詳細

項目	説明
Ⓐ注目	ドキュメントから波紋が広がり、ほかの参加者に視覚と音で注目を促します（P.86参照）。
Ⓑページ	ドキュメントのページを変更できます（P.84参照）。
Ⓒ縮尺	ドキュメントの縮尺を変更できます（P.83参照）。
Ⓓ閉じる	ドキュメントを閉じます。

ドキュメントの縮尺を変更する

　ドキュメントの縮尺では、ドキュメントのパネルを縮小／拡大できます。「＋」「−」ボタンでの操作はもちろん、直接両手でつかんで近づけたり離したりするといった操作でも拡大／縮小できます。

　小さくて見づらい場合、大きくて協議に差し支えるときなど、さまざまな場面で利用できる機能です。

❶ドキュメントの「縮尺」をエ
　アタップします。

❷ドキュメント上に「＋」「−」
　ボタンが表示されます。

❸「＋」をエアタップするごと
　に大きく表示されます。

※「−」をエアタップすると小さく表
　示されます。

❹「縮尺」をエアタップすると
　解除されます。

両手でドキュメントをつかみ、手を
近づけたり離したりすることでも、
縮尺を変更できます。

両手でドキュメントをつかみ、片方の手を引き寄せたり遠くに伸ばしたりすると、ドキュメントを左右に回転させることができます。

　自分のほうに向けたいときは、ドキュメントの任意の場所をエアタップすると、真正面に向けることができます。

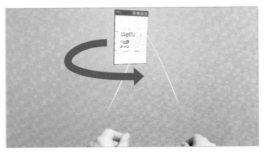

ドキュメントを回転させて、見せたい
相手の方向に向けることができます。

表示するページを変更する

　資料が複数ページある場合、表示するページを変更できます。ドキュメントの「ページ」をタップすると、パネルの下部に、それぞれのページのサムネイルとページ番号が表示されます。

　ボタン操作によるページ遷移はもちろん、サムネイルを直接スワイプすることでも、ページを変更することが可能です。

❶ドキュメントの「ページ」を
　エアタップします。

❷下部にサムネイルが表示されます。

❸「◀」「▶」をエアタップすると、次のページ／前のページへ遷移します。

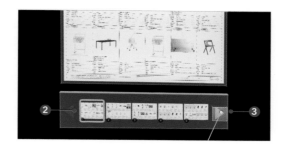

「◀」「▶」によるページ変更のほか、以下のような方法でもページを変更することが可能です。状況によって使い分けてください。

切り替えたいページのサムネイルをエアタップすると、そのページが表示されます。

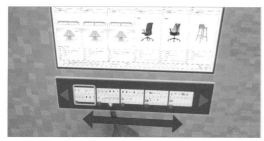

サムネイルを指で左右にスワイプすることでも、表示ページを変更できます。

注目を促す

　「次はこの資料について話したい」「この資料に記載されている内容を見てほしい」など、注目してほしいドキュメントがあるときは、ドキュメントの「注目」をエアタップしましょう。ドキュメントの周りに効果が表示され、さらに音も鳴ることで、参加者の注目を促すことができます。

❶ドキュメントの「注目」をエ
　アタップします。

❷周囲に波紋が広がり、音が
　鳴ります。

会議から退出する

　会議が無事終了したら、会議室から退出します。退出はメインメニューから行います。さらに会議室選択画面で「ログアウト」をタップすれば、Holostructionからログアウトできます。

　Holostruction自体の使用を終了する場合は、アプリを終了します。アプリの終了はスタートメニューから行います。

❶ メインメニューを表示し、
「退出」をタップします。

❷ 会議室選択画面に戻るので、
「ログアウト」をタップします。

❸ スタートジェスチャを行い、
「ホーム」をタップします。

❹ ウィンドウの「×」をタップす
ると、アプリを終了します。

プロジェクト参加編

STEP 06 Android版からの 参加と基本操作

Holostructionは、HoloLens 2だけではなくAndroidスマートフォンからも利用することが可能です。ここでは、Android版Holostructionの操作方法を解説します。

Android版アプリをインストールする

Holostructionは Android版アプリも公開されています。Android版では、スケールの変更やモデルの遷移といった基本的な操作を行うことができます。HoloLens 2を所持していない場合や外出先でも、スマートフォン一つで会議に参加できるのは大きなメリットです。

なお、Android版Holostructionをインストールできるスマートフォンには条件があります。以下の条件を確認してから、インストールを始めてください。

スマートフォンでの参加条件
・**AR Core対応のAndroidスマートフォンであること**
・**Androidスマートフォンのバージョンが5.0以上であること**

❶Androidスマートフォンの
「Play ストア」をタップして
開きます。

❷検索欄をタップします。

❸「Holostruction」と入力します。

❹検索アイコンをタップします。

❺Holostructionアプリの「インストール」をタップします。

❻スマートフォンにアプリがインストールされました。

Android版アプリにサインインする

スマートフォンにHolostructionアプリをインストールしたら、プロジェクトに招待されているMicrosoftアカウントを使ってサインインを行います。

なお初回起動時のみ、音声録音の許可および写真・動画撮影の許可が必要です。

❶Holostructionアプリをタップします。

❷初回のみ音声録音の許可が求められます。「アプリの使用時のみ」をタップして許可します。

❸初回のみ写真と動画撮影の許可が求められます。「アプリの使用時のみ」をタップして許可します。

❹「サインイン」をタップします。

❺ プロジェクトの招待メール
が届いているメールアドレ
スを入力します。
❻「次へ」をタップします。
❼ Microsoft アカウントのパス
ワードを入力します。
❽「サインイン」をタップします。

❾「続行」をタップします。
❿ 会議室参加画面が表示され
ます。

Holostruction アプリでは、画面上に表示される 3D ホログラムを直接操作できます。
なお歩きながらの使用は避け、周囲に何もない安全な場所で使用してください。

会議室に入室する

　続いて、会議へ参加する方法を解説します。参加方法は招待メールに記載されている会議室IDを入力する方法と、プロジェクト一覧から会議を選択する方法の2種類があります。

❶ 招待された会議室IDから参加する（下記参照）
❷ プロジェクト一覧から参加する（P.93参照）

■ 招待された会議室IDから参加する

❶ 招待メールを開き、「会議室
　ID」を確認します。
❷ 入力欄をタップし、「会議室
　ID」を入力します。
❸「会議に入る」をタップします。

■プロジェクト一覧から参加する

❶下部のアイコンをタップし
  ます。
❷プロジェクト一覧が表示さ
  れます。対象のプロジェク
  トをタップします。

❸会議一覧が表示されます。
  入室したい会議をタップし
  ます。

ロケーションを作成・選択する

　入室する会議室を選択したら、ロケーションを新規作成または選択することで入室
できます。ロケーションがない場合は必ず新規作成からとなりますが、既存のロケー
ションが存在する場合でも、別途新規作成することが可能です。

■ ロケーションを新規作成する

新規でロケーションを作成して会議に参加する方法を解説します。

ロケーションを作成するには、モデルを設置する場所をタップして指定し、スマートフォンのカメラで周囲を映してスキャンします。地面を中心に映すよう意識すると、すばやくスキャンが完了します。

❶会議室選択画面で「＋」を
　タップします。
❷カメラが起動します。スマー
　トフォンで地面を映し、モ
　デルを設置したい地点を
　タップします。

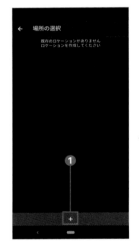

❸画面上に緑色の球体が表示
　されます。
❹引き続き、下部の数値が
　100％になるまで周囲のス
　キャンを続けます。
❺数値が100％に達すると、空間
　上にモデルが配置されます。

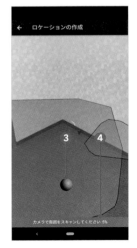

■すでに作成されているロケーションに参加する

　参加者がロケーションを作成している場合、既存のロケーションに追加で参加することが可能です。周囲のスキャンなども必要ありません。

❶会議室選択画面でロケーション一覧が表示されます。参加したいロケーションをタップします。

❷会議室に入室できます。

■Android版 Holostructionの画面

　Android版には以下のような機能があります。HoloLens 2と同様、アバター（P.59参照）も表示されます。画面上に表示されているホログラムは、指でタップしたり動かしたりなどの操作が可能です。

各項目の詳細

項目	説明
Ⓐ ロケーション名	現在参加中のプロジェクト名が表示されます。
Ⓑ モデル	ロケーション作成時もしくはすでに設置されている3Dモデルが表示されます。
Ⓒ マイク	マイクのオン／オフを切り替えます（下記参照）。
Ⓓ サイズ変更	モデルのスケールを変更できます（P.97参照）。
Ⓔ モデル切り替え	登録されているモデルを切り替えます（P.98参照）。
Ⓕ ステップ変更	モデルの状態を、登録したステップ表または工程表に沿って遷移できます（P.99参照）。
Ⓖ 退出	会議から退出できます（P.101参照）。

マイクをオン／オフする

　マイクは、スマートフォンのマイクをオン／オフする機能です。なお、初期設定ではオフ（ミュート）状態になっています。

❶「マイク」をタップします。

❷ オンになると、図のようなアイコンに変わります。

※もう一度タップするとオフになります。

モデルのスケールを変更する

　サイズ変更では、モデルのスケール（縮尺）を変更できます。なお、選べるスケールはモデル作成（P.121参照）時に設定したもののみです。

❶「サイズ変更」をタップします。
❷「サイズ変更」ダイアログが表示されます。
❸任意のスケールをタップします。

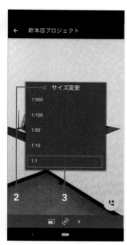

❹スケールが変更されます。

モデルを切り替える

　モデル切り替えでは、会議室に登録されているほかのモデルに切り替えることができます。モデルを切り替えると、参加者全員のHolostructionにも反映されます。

❶「モデル切り替え」をタップします。

❷「モデル切り替え」ダイアログが表示されます。

❸切り替えたいモデルをタップします。

❹モデルが切り替わります。

ステップまたは工程を遷移する

　ステップ変更は、表示されているモデルの状態を遷移する機能です。「ステップ表」または「工程表」のいずれかが表示されますが、これはHoloLens 2での操作と同様、モデル登録時に設定した状態（P.110参照）が反映されます。

■ステップを遷移する

❶「ステップ変更」をタップします。

❷「ステップ変更」ダイアログが表示されます。

❸遷移したいステップをタップします。

❹ステップが切り替わります。

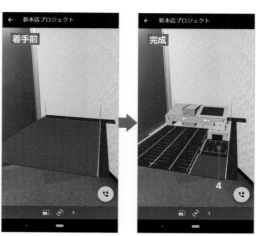

プロジェクト参加編 Android版からの参加と基本操作

■工程表から遷移する

　工程表が設定されている場合、「ステップ変更」をタップすると工程表が表示されます。Android版でもHoloLens 2と同様、工程表の任意の工程をタップしてモデルを遷移したり、工程期間の表示を変更したりといった操作ができます。

❶「ステップ変更」をタップします。

❷工程表が表示されます。

❸遷移したい工程をタップします。

※タイムスライダーを動かすことでも遷移できます。

❹工程に沿ってモデルの状態が切り替わります。

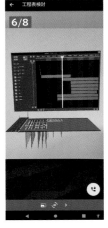
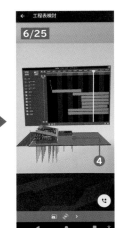

会議から退出する

　現在参加中の会議から退出します。退出後は、通常のスマートフォンの操作と同様に、アプリを終了してください。

❶「退出」をタップします。
❷「OK」をタップすると退出します。

　このあとは、アプリを閉じてHolostructionを終了します（アプリを閉じる方法はスマートフォンの機種によって異なります）。

プロジェクト作成編
＜主催者（ホスト）向け＞

MR空間を作成するための準備と作成手順、
および実際の操作方法

MR空間を作成するための事前準備

> Holostructionにて会議を行うには、パソコン側でさまざまな事前準備を行う必要があります。ここでは、それらの作業を行う「Contents Build System」へのサインイン方法を解説します。

データ登録サイト「Contents Build System」へアクセスする

　Contents Build Systemは、Holostructionにて使用する各種データを登録・編集するためのWebサイトです。会議の主催者は、事前にContents Build Systemにてモデルやドキュメントなどを登録し、参加者に招待を行います。

　まずはContents Build Systemへアクセスし、サインインを行いましょう。サインインに必要なメールアドレスおよびパスワードは、サービス開始通知書に記載されているのでご確認ください。なお、ここではWindowsマシンに標準搭載されているブラウザ「Microsoft Edge」を使って操作しています。

❶パソコンでブラウザを開き、Contents Build SystemのURLを入力します。

❷サービス開始通知書に記載
　されているメールアドレス
　を入力します。
❸「次へ」をクリックします。

❹パスワードを入力します。
❺サインインの状態維持につい
　て選択します。
❻「サインイン」をクリックし
　ます。

❼Contents Build System へのサ
　インインが完了し、プロジェ
　クト一覧が表示されます。

初回サインイン時点で、プロジェクトは1つ作成されています。

STEP 02 プロジェクト情報を入力・編集する

作成したプロジェクトについて、情報の編集方法を解説します。名前やサムネイルなどの情報をプロジェクトごとに設定しておくことで、それぞれのプロジェクトがすぐ認識できるようになります。

プロジェクト一覧画面の詳細

Contents Build Systemにサインインすると、プロジェクト一覧画面が表示されます。この画面では、参加しているプロジェクトやサインイン情報を確認できます。また、プロジェクトを検索することも可能です。

■プロジェクト一覧画面の各項目

各項目の詳細

用語	説明
Ⓐアカウント	クリックすると、現在サインインしているアカウントが表示されます。
Ⓑプロジェクト検索	プロジェクト名からプロジェクトを検索できます。
Ⓒプロジェクト一覧	現在自分が参加しているプロジェクトを確認できます。

プロジェクト情報を編集する

　それぞれのプロジェクトについて、プロジェクト名・プロジェクト説明文・サムネイル（画像）を設定しましょう。サムネイルの画像ファイルは「jfif」「pjpeg」「jpeg」「pjp」「jpg」「png」形式に対応しています。

❶プロジェクト一覧画面で、
　編集したいプロジェクトを
　クリックします。

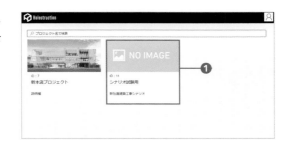

❷「情報編集」をクリックします。

❸「プロジェクト情報の編集」
　ウィンドウが表示されます。
❹「プロジェクト名」の入力欄
　をクリックし、プロジェク
　ト名を入力します。

❺「プロジェクト説明」の入力
　欄をクリックし、プロジェ
　クトの説明文を入力します。
❻「イメージ選択」をクリック
　します。

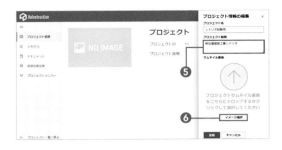

❼サムネイルに設定する画像
　ファイルを選択します。
❽「開く」をクリックします。

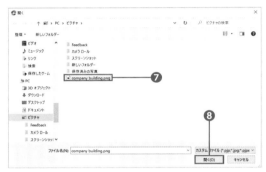

❾サムネイルが設定されます。
❿変更が終わったら、「更新」
　をクリックします。

⓫プロジェクトの情報が変更
　されます。

サムネイルは、画像ファイルを直接ドラッグ＆ドロップしても設定できます。

「サムネイル画像」のスペースに、設定する画像ファイルを直接ドラッグ＆ドロップします。

STEP
03

3DモデルをMR空間で確認できるように登録する

モデルをプロジェクトに登録し、Holostruction上で表示できるようにします。人物に対してモデルを表示する位置や大きさ、遷移する方法など、詳細を設定することができます。

モデルを登録する

まずは、プロジェクトにモデルを登録します。モデル登録時は、タイムラインの選択が必要です。タイムラインとはモデルを切り替えるための定義のことで、モデルを段階ごとに切り替えるステップ表、または時間軸で切り替える工程表のいずれかを選択します。なお、登録するモデルのファイルは「fbx」形式に対応しています。

1つのプロジェクトには複数のモデルを登録することも可能です。複数登録すると、Holostructionの「モデル操作」で「変更」をタップすると、モデルを切り替えることができます（P.77参照）。

■モデルをステップ表として登録する

❶プロジェクト一覧画面で、モデルを登録したいプロジェクト名をクリックします。

❷左側のメニューより、「3Dモデル」をクリックします。

❸3Dモデル一覧画面で「メニュー」をクリックします。
❹「+モデルの追加」をクリックします。

❺「新しいモデル」ウィンドウが表示されます。
❻モデル名を入力します。
❼タイムラインの名称を入力します。

❽「ステップ表」をクリックします。
❾「モデル選択」をクリックします。

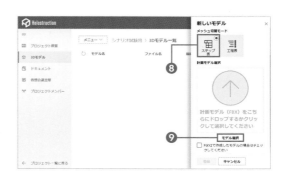

⑩登録するモデルのファイル
　を選択します。
⑪「開く」をクリックします。

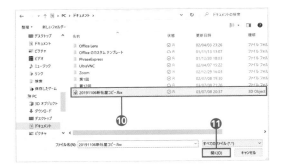

⑫モデルが設定されます。
⑬変更が終わったら、「登録」
　をクリックします。

⑭モデルの変換（ビルド）が始
　まります。「ビルドステータ
　ス」に「ビルド待ち」と表示
　されます。

⑮変換が終わると、「ビルド完
　了」と表示されます。

モデルのファイルは、ファイルを直接ドラッグ＆ドロップしても設定できます。

プロジェクト一覧画面に戻るには、左上の「Holostruction」のロゴをクリックします。

左上の「Holostruction」のロゴをクリックすると、どこからでもプロジェクト一覧画面に即時戻ることができます。

■ モデルを工程表として登録する

P.111手順❽で、「工程表」をクリックして選択します。あとはステップ表と同様にモデルのファイルを設定します。

■3Dモデル一覧画面のメニュー

❶3Dモデル一覧画面で、操作
   したいモデルの「∨」をク
   リックします。
❷メニューが表示されます。

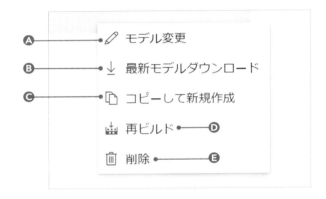

各項目の詳細

用語	説明
Ⓐモデル変更	モデルのファイルを変更します。
Ⓑ最新モデルダウンロード	パソコンにファイルをダウンロードします。
Ⓒコピーして新規作成	モデルをコピーして新たなモデルを作ります。
Ⓓ再ビルド	HoloLens 2用のデータに再ビルドします。
Ⓔ削除	モデルを削除します。

タイムラインを追加する

　モデル登録時に設定したタイムラインとは別のタイムラインを登録したいときは、「タイムラインの追加」より同じモデルに複数のタイムラインを追加できます。Holostruction上では、「モデル操作」の「変更」よりタイムラインを切り替えられます。

❶3Dモデル一覧画面で、タイムラインを登録したいモデル名をクリックします。

❷タイムライン一覧画面で、「メニュー」をクリックします。
❸「＋タイムラインの追加」をクリックします。

❹「新しいタイムライン」ウィンドウが表示されます。
❺タイムラインの名称を入力します。
❻「ステップ表」または「工程表」のいずれかを選択します。
❼「登録」をクリックします。

1つのモデルに複数のタイムラインを設定できます。わざわざもう1つのモデルを設定し直す必要はありません。

■タイムライン一覧画面のメニュー

❶タイムライン一覧画面で、操作したいタイムラインの「∨」をクリックします。

❷メニューが表示されます。

各項目の詳細

用語	説明
Ⓐタイムライン編集	タイムラインの名称を変更します。
Ⓑステップ編集	ステップ(モデルの段階)を編集します。
Ⓒ削除	タイムラインを削除します。

ステップを編集する

　ここでは、登録したステップ表を編集する方法を解説します。ステップ編集専用画面で、Holostructionにおけるモデルの表示について詳細を設定しましょう。

❶ タイムライン一覧画面で、編集したいタイムラインの「∨」をクリックします。

❷ 「ステップ編集」をクリックします。

■ ステップ編集専用画面の各項目

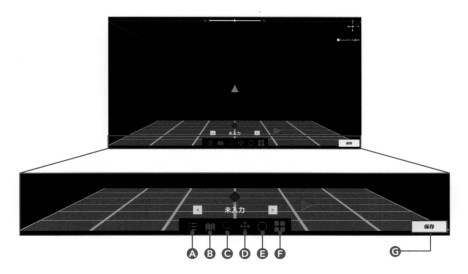

各項目の詳細

用語	説明
Ⓐステップ一覧	ステップの追加と編集を行います。
Ⓑメッシュ一覧	ステップに対する表示レイヤを設定します。
Ⓒプレビュースケール	スケール（縮尺）の設定を行います。
Ⓓオフセット	モデルの表示位置の軸を調整します。
Ⓔ回転	モデルの表示向きの調整をします。
Ⓕ分割画面	画面を4分割し、4方向から表示します。
Ⓖ保存	登録内容を保存します。

■ ステップを追加する

「ステップ一覧」より、ステップを追加・編集できます。具体的には、「着手前」「1階」「2階」「完成」のように、工程上の区切り（段階）を作成していきます。

❶「ステップ一覧」をクリック
します。

❷「ステップ一覧」ダイアログ
が表示されます。
❸「未入力」のステップの鉛筆
アイコンをクリックします。

❹入力欄をクリックし、「未入力」を削除してステップ名を入力します。

❺「更新」をクリックするとステップ名が登録されます。

さらにステップを追加したいときは、ステップ一覧ダイアログで「＋」をクリックすると追加できます。ステップは、「×」をクリックすると削除できます。

■ メッシュを追加する

　続いて、その段階（ステップ）でモデルのどのレイヤを表示するかを設定していきます。「メッシュ一覧」よりCADなどで作成したレイヤが表示されるので、表示したいレイヤにチェックを入れていくだけで登録できます。

❶「ステップ一覧」ダイアログ
　で、ステップ名をクリック
　します。
❷「メッシュ一覧」をクリック
　します。

❸「メッシュ一覧」ダイアログ
　が表示されます。
❹「▶」をクリックしてレイヤ
　を展開します。

❺ステップで表示したいレイ
　ヤをクリックしてチェック
　を入れます。
❻メッシュの設定が終わった
　ら、「×」をクリックして閉じ
　ます。

■プレビュースケールを設定する

　Holostruction上で、人物に対してどのスケール（縮尺）でモデルを表示できるようにするかを設定できます。「1:500」「1:100」「1:50」「1:10」「1:1」から複数またはすべて選択でき、Holostruction上では選択したスケールでモデルの大きさを変更できるようになります。また、初めにどのスケールで表示されるかも設定できます。

❶「プレビュースケール」をクリックします。

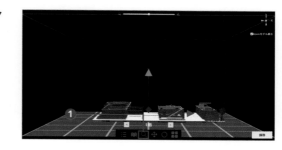

❷「プレビュースケール」ダイアログが表示されます。
❸「スケール設定」をクリックします。

❹設定したい縮尺を選択します。
❺初期に表示する縮尺を1つ選択します。
❻「OK」をクリックします。

❼スケールが追加されます。
❽確認したいスケールをク
　リックします。

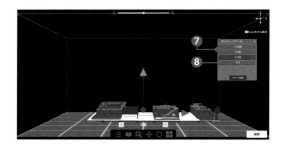

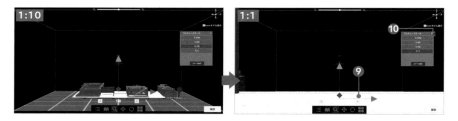

❾スケールが変化し、Holostruction上でどのように表示されるかが確認できます。
❿スケールの設定が終わったら、「×」をクリックして閉じます。

■モデルの位置を設定する

　Holostruction上で、モデルが人物に対してどの位置に、どの角度で見えるかを設定
します。X軸（横方向）、Y軸（縦方向）、Z軸（奥方向）でそれぞれ調整します。なお、
表示位置は選択した縮尺ごとに設定できます。

❶「オフセット」をクリックし
　ます。

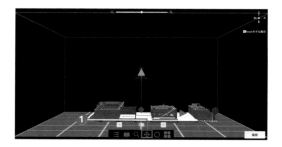

❷「オフセット位置」ダイアロ
　グが表示されます。

❸X軸、Y軸、Z軸それぞれの
　赤いラインをクリックしま
　す（ここではY軸のラインを
　クリック）。

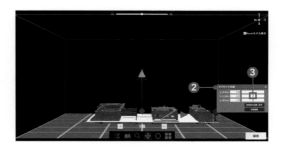

❹ラインを左右に動かすと、
　モデルが移動します。

　「オフセット位置」ダイアログの赤いライン左側に表示されている数値入力欄から
も、数値を入力して位置を指定できます。「自動調整」をクリックすると、最適と思
われる位置に自動で移動できます。

　そのほか、画面上に表示されている矢印でも、以下のように直感的に調整できます。

❶動かしたい方向の矢印をク
　リックしたまま選択します（矢
　印の色が黄色に変化します）。

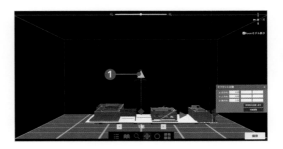

❷動かしたい方向へマウスを
移動すると、モデルが動き
ます。

❸矢印をクリックすると、そ
の位置に固定されます。

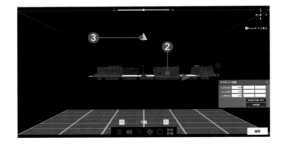

❹「変更前の位置へ戻す」をク
リックすると、初期状態に
リセットされます。

❺移動が終わったら、「×」をク
リックして閉じます。

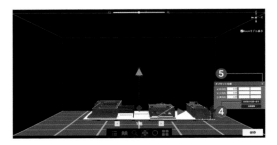

■ モデル確認のテクニック

ブラウザの画面は、初期状態では人物の後ろからの視点になっています。ブラウザ
上の何もないところを、マウスを右クリックしながら動かすことで、角度を自由に変
更できます。さまざまな視点から、モデルの見え方を確認してください。

なお、画面上部の虫眼鏡アイコンで拡大・縮小することも可能です。

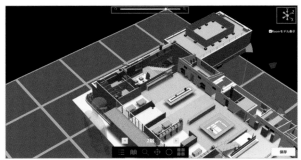

マウスを右クリックしなが
ら動かすと、さまざまな角
度からモデルを確認できま
す。右上のXYZ軸で調整す
ることで、元の視点に戻せ
ます。画面の拡大・縮小は、
上部のスライダーで行いま
す。

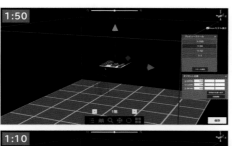

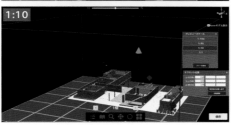

P.121 の「プレビュースケール」で縮尺を変更し、それぞれの縮尺でどのように見えるかを確認・調整します。

　画面下側の「◀」「▶」をクリックしてステップを遷移できます。ステップを連続で遷移しながら、流れで見え方を確認します。

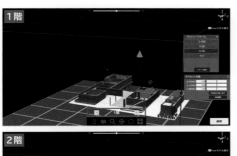

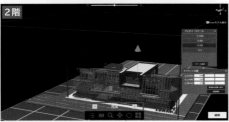

ここでは、「1階」→「2階」→「3階」→「完成」と遷移させながら、見え方を確認しています。

■モデルを回転させる

モデルを回転することも可能です。「建物を正面から見せたい」など見せたい方向が決まっている場合は、最初からその方向に設定しておくことで、Holostructionでわざわざ回転させる必要がなくなります。なお表示の方向は、縮尺が変わっても変更されません。

❶「回転」をクリックします。

❷「ローテーション設定」ダイアログが表示されます。

❸動かしたい方向軸の「-90°」または「＋90°」をクリックします（ここではY軸の「＋90°」をクリック）。

❹モデルが回転します。

❺回転の設定が終わったら、「×」をクリックして閉じます。

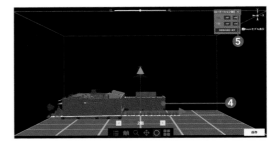

■画面を分割表示する

　ブラウザの画面を4分割して、さまざまな角度からチェックできます。それぞれの角度からモデルを見ながら、位置などの調整をするとよいです。

❶「画面分割」をクリックします。

❷画面が4つに分割されます。
❸もう一度「画面分割」をクリックすると1画面表示に戻ります。

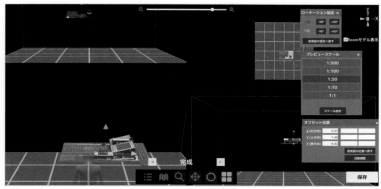

この画面を見ながら、見え方を調整することができます。

■変更を保存する

　すべての変更が終わったら、変更を保存してステップ編集専用画面を閉じます。保存せずウィンドウを直接閉じると、変更は破棄されます。

❶「保存」をクリックします。

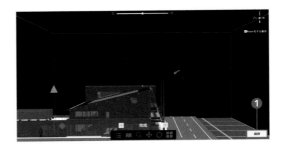

❷「OK」をクリックすると保存されます。

❸ウィンドウの「×」をクリックして閉じます。

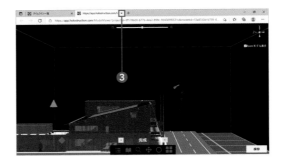

工程表を編集する

　P.113でタイムラインを工程表に設定していると、工程表を登録・編集できます。工程表においては、まずタスクスケジュールに従って工程とスケジュールを追加し、次に工程編集専用画面で工程に沿ってモデルの設定を行います。

■工程を追加する

❶タイムライン一覧画面で、編集したいタイムラインの「∨」をクリックします。

❷「工程表編集」をクリックします。

❸工程一覧画面で「メニュー」をクリックします。

❹「＋工程の追加」をクリックします。

❺「新しい工程」ウィンドウが表示されます。

❻工程名を入力します。

❼「開始日」の「日付を選択」をクリックします。

❽カレンダーから開始日を選択します。

❾同様に「終了日」の「日付を選択」をクリックして、終了日を設定します。
❿「登録」をクリックします。

⓫工程が登録されます。

工程の階層を設定することもできます。1段深い階層にするときは、「→」をクリックしましょう。

また、上下を入れ替えるときは「∧」「∨」をクリックすると入れ替わります。工程を削除するときは、「×」をクリックします。

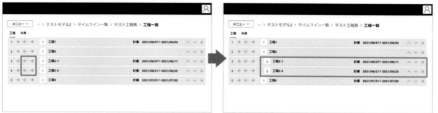

「→」をクリックすると1つ深い階層になります。

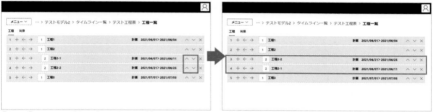

「∧」「∨」で工程の上下を入れ替えることができます。

■背景を追加する

　背景とは、期間内で最初から置いておきたいモデルを設定できる項目のことです。背景に期間とモデルを設定すると、その期間中は常時表示されます。

❶工程一覧画面で、「背景」タブをクリックします。

❷「メニュー」をクリックします。

❸「＋背景の追加」をクリックします。

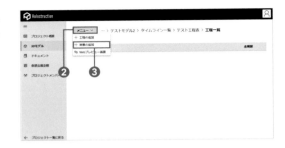

❹「新しい背景」ウィンドウが表示されます。

❺背景の名称を入力します。

❻開始日と終了日を設定します。

❼「登録」をクリックします。

❽背景が登録されます。

■工程表にモデルを登録する

　続いて、工程表にモデルを登録する方法を解説します。工程編集専用画面（Webプレビュー画面）の操作方法はほぼステップ編集専用画面と変わりませんが、工程表の場合は「工程一覧」にて先に設定した工程を表示し、その工程にモデルを登録するという流れで設定していきます。

❶工程一覧画面で「メニュー」
　をクリックします。
❷「Webプレビュー画面」をク
　リックします。

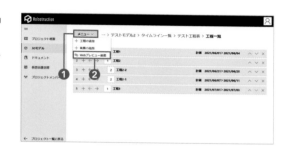

❸工程編集用画面が別ウィン
　ドウで表示されます。
❹「工程一覧」をクリックします。

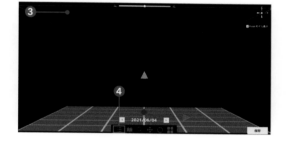

❺「工程一覧」ダイアログが表
　示されます。
❻レイヤを登録したい工程を
　クリックして選択します。

❼「メッシュ一覧」をクリック
　します。
❽「メッシュ一覧」ダイアログ
　が表示されます。

❾表示したいレイヤを選択し
　ます。

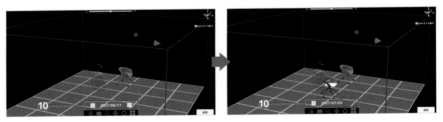

❿「◀」「▶」をクリックして工程を変更するごとに、モデルが表示されます。

　それぞれのダイアログは、右上の「×」で閉じることができます。

背景にも同様にモデルを
設置することができます。

■変更を保存する

　すべての変更が終わったら、変更を保存して工程編集専用画面を閉じます。保存方法はステップ編集専用画面と同様です。保存せずウィンドウを直接閉じると、変更は破棄されます。

❶「保存」をクリックします。

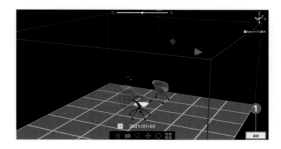

❷「OK」をクリックします。
❸「×」をクリックしてウィンドウを閉じます。

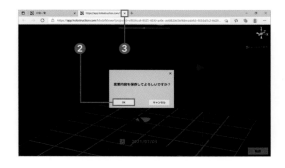

MR空間で共有するドキュメントを登録・保存する

会議空間では、モデルだけではなくドキュメントも確認することができます。ここでは、Holostructionにフォルダを作成して、写真やPDFなどのドキュメントを登録する方法を解説します。

フォルダやファイルをプロジェクトに追加する

Holostructionでは、写真やPDFなどのファイル（ドキュメント）を登録し、空間上に展開して共有することができます。パソコンなどと同様、フォルダで階層を作り、その中にドキュメントを保存できます。

フォルダの中に画像ファイルや文書ファイルなど、資料を格納できます。

HoloLens 2でも同じ階層でファイルを表示できます。

■フォルダを追加する

　パソコンなどと同様、ファイルは用途ごとにフォルダで分けて保存すると、Holostruction上での操作も容易になります。そのため、まずはフォルダを作成することをおすすめします。フォルダは階層化することも可能です。

❶ フォルダを追加したいプロジェクト名をクリックします。

❷ 「ドキュメント」をクリックします。

❸ ドキュメント一覧画面が表示されます。最初からフォルダが1つ作成されています。

④「メニュー」をクリックします。

⑤「フォルダの追加」をクリックします。

⑥「新しいフォルダ」ウィンドウが表示されます。

⑦フォルダ名を入力します。

⑧「登録」をクリックします。

⑨フォルダが作成されます。

■ファイルを追加する

　フォルダを作成したら、その中にファイルを追加します。ファイルを追加すると、Holostruction上で表示するための変換処理が行われます。

❶ドキュメント一覧画面で、ファイルを追加したいフォルダを選択します。

❷「メニュー」をクリックします。
❸「ファイルの追加」をクリックします。

❹追加したいファイルを選択します。
❺「開く」をクリックします。

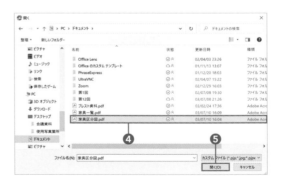

⑥ ファイルが追加され、「変換
待ち」と表示されます。しば
らく待つとサムネイルが表
示されます。

■プレビューを表示する

　ファイルの変換が終わると、プレビューを確認できるようになります。ファイルが
複数ページある場合も、それぞれのページのプレビューを確認できます。

❶ ファイルのサムネイルをク
リックします。

❷ ファイルのプレビューが表
示されます。
❸ 複数ページある場合は、「◀」
「▶」でプレビューを切り替
えることができます。

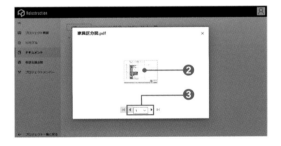

ファイルは、ドラッグ＆ドロップでも登録できます。

フォルダやファイルを編集する

　フォルダやファイルの名前を変更したり、移動したりなどの編集ができます。ここでは例としてファイルでの操作方法を解説しますが、フォルダも基本的に同じ操作で編集できます。

■ フォルダのメニュー

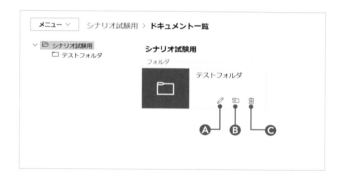

各項目の詳細

用語	説明
Ⓐ編集	フォルダ名などを変更します。
Ⓑ移動	フォルダの場所を移動します。
Ⓒ削除	フォルダを削除します。

■ファイルのメニュー

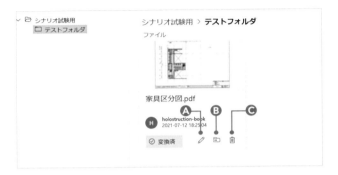

各項目の詳細

用語	説明
Ⓐ編集	ファイル名などを変更します。
Ⓑ移動	ファイルの保存場所を移動します。
Ⓒ削除	ファイルを削除します。

■ファイル名を変更する

❶名前を変更したいファイル
　の「✎」をクリックします。

❷「ファイルの編集」ウィンド
　ウが表示されます。
❸入力欄に新しいファイル名
　を入力します。
❹「更新」をクリックします。

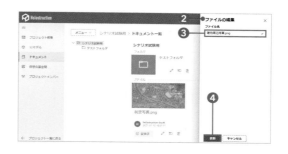

■ ファイルを移動する

❶移動したいファイルの「 🔂 」
　をクリックします。

❷「ファイルの移動」ウィンド
　ウが表示されます。
❸移動したいフォルダを選択
　します。
❹「移動」をクリックすると、
　ファイルが移動します。

プロジェクト作成編 ｜ ＭＲ空間で共有するドキュメントを登録・保存する

ゲストと共有するための
仮想会議空間を作る

プロジェクトにモデルやドキュメントを登録したら、会議を行うための「仮想会議空間」を作成します。作成した空間は、会議IDやQRコードなどで参加者に通知することができます。

仮想会議空間を作成する

　仮想会議空間とは、Holostruction上で会議を行うための仮想の部屋のことです。仮想会議空間を作成したら、関係者に会議の情報を共有する必要があります（なお会議に参加できるようにするためには、P.150のプロジェクトメンバー登録も必要です）。

　会議空間作成時、公開の範囲を全員に公開に設定すると、プロジェクトに属するすべての人物が会議に参加できます。プロジェクト管理者のみにすると、権限を「管理者」に設定された人のみが参加できます。最初は管理者のみ参加できるようにし、モデルやドキュメントが問題ないことを確認してから、全員に公開するとよいです。

❶仮想会議空間を登録したい
　プロジェクト名をクリック
　します。

❷「仮想会議空間」をクリック
します。

❸仮想会議空間 登録／一覧画
面で、「メニュー」をクリッ
クします。

❹「仮想会議空間の追加」をク
リックします。

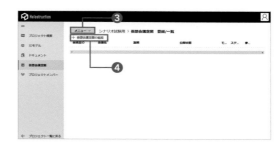

❺「新しい仮想会議空間」ウィ
ンドウが表示されます。

❻会議名を入力します。

❼会議の説明を入力します。

❽公開状態を設定します。

❾会議空間で使用するモデル
を選択します（複数登録でき
ます）。

❿「初期表示タイムライン（ス
テップ表・工程表）」の「∨」
をクリックします。
⓫会議室へ最初に入室した際、
起動するモデルを選択します。

⑫設定が終わったら、「登録」
　をクリックします。

⑬会議室が作成されます。会
　議ごとに、会議室IDが割り
　振られます。

会議室情報を確認・連携する

　会議室へ参加する方法は、会議室ID・会議名選択・QRコードの3種類があります。
仮想会議空間 登録／一覧画面でこれらの情報を確認できるほか、メールなどで送る
ためのデータダウンロードなども可能です。

❶仮想会議空間 登録／一覧画
　面で、会議室情報を参照し
　たい会議の「∨」をクリック
　します。

❷「会議室情報の参照」をク
リックします。

❸「会議室情報」ダイアログが
表示されます。
❹「コピー」をクリックすると、
会議室名や会議室IDなどを
コピーできます。
❺「QRコードダウンロード」を
クリックすることで、QR
コードのデータをダウン
ロードできます。

■ 予定表ファイルをダウンロードする

Microsoft Outlookの予定表に直接予定を登録するためのファイルをダウンロードで
きます。ファイルの形式は「ics」です。ファイルをダウンロードすると、Outlook上
で会議に必要な情報が自動入力されます。

❶「会議室情報」ダイアログを
表示します。
❷「予定表形式ファイルのダウ
ンロード」をクリックします。

❸「ファイルを開く」をクリックしてダウンロードしたファイルを開きます。

❹「このファイルを開く方法を選んでください」画面が表示されたら、「Outlook」を選択します。

❺「OK」をクリックします。

このファイルを開く方法を選んでください。

このアプリを今後も使う

o   Outlook

その他のオプション

📅   カレンダー

🏪   Microsoft Store でアプリを探す

その他のアプリ ↓

☐ 常にこのアプリを使って .ics ファイルを開く

OK

❻Microsoft Outlookの予定表が起動します。

❼会議のタイトルや日付を設定します。

❽会議に必要な情報は自動入力されます。

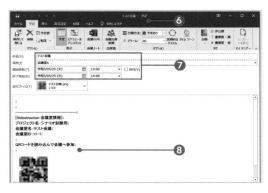

STEP 06
プロジェクトメンバーを 登録・招待・承認する

> プロジェクトに参加する関係者を「プロジェクトメンバー」に登録
> し、プロジェクトに招待します。招待されたメンバーは、メールよ
> り参加を表明することで、会議室に入室できるようになります。

プロジェクトメンバーを登録する

プロジェクトメンバー画面では、プロジェクトに参加する関係者を一覧で確認し、
メンバーを新しく招待することができます。メンバーはMicrosoft アカウントの情報
をもとに表示されます。

■プロジェクトメンバーを確認する

❶ メンバーを確認したいプロ
ジェクト名をクリックします。

❷「プロジェクトメンバー」を
クリックします。

❸プロジェクトに参加・招待
されているメンバーの情報
が表示されます。

■プロジェクトメンバー一覧画面の各項目

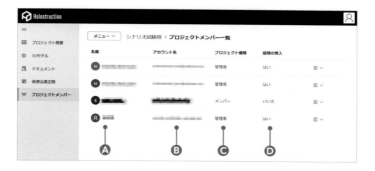

各項目の詳細

用語	説明
❹名前	メンバーのMicrosoftアカウント上の氏名が表示されます。
❸アカウント名	メンバーのMicrosoftアカウントのメールアドレスが表示されます。
❸プロジェクト権限	メンバーの権限を表示します。「メンバー」は会議参加のみの権限、「管理者」はデータの登録・編集の権限があります。
❶招待の受入	招待したメンバー側の受け入れ状態を「はい」「いいえ」で表示します。

メンバーを招待する

　プロジェクト参加者をHolostructionのプロジェクトに招待します。招待を行うには、相手のMicrosoft アカウントのメールアドレスが必要です。招待時には、相手のプロジェクトにおける権限（メンバーまたは管理者）も設定してください。

❶プロジェクトメンバー一覧
　画面で「メニュー」をクリッ
　クします。
❷「メンバーの追加」をクリッ
　クします。

❸「新しいメンバー」ウィンド
　ウが表示されます。
❹招待する相手のメールアド
　レスを入力します。

❺プロジェクト権限を設定し
　ます。
❻「登録」をクリックします。

❼メンバーに追加され、相手
に招待メールが届きます。
受け入れ状態は「いいえ」に
なっています。

■招待を受け入れる

プロジェクトの招待を受け取った側の操作方法を解説します。招待がメールで届い
たら、承諾をします。これで、Holostructionを起動した際の「会議室情報」に承諾し
た会議室の情報が表示されるようになります。

❶届いたメールを開きます。

❷「招待の承諾」をクリックし
ます。

❸ブラウザが起動します。「承諾」をクリックすると、招待が承諾され、Contents Build System画面が表示されます。

この段階で、招待者側の受け入れ状態が「はい」に変化します。

「招待の受入」が「はい」に変化しています。

■プロジェクトメンバーの権限を変更する

　プロジェクトメンバーの権限は、メンバー招待後でも変更することができます。編集メニューを表示して、メンバーあるいは管理者に設定を変更してください。

❶プロジェクトメンバー一覧で、権限を編集したいメンバーの「∨」をクリックします。
❷「編集」をクリックします。

❸「メンバーの編集」ウィンド
ウが表示されます。

❹「プロジェクト権限」をク
リックします。

❺ 権限が変更されます。

❻「更新」をクリックします。

❼ 変更が反映されます。

プロジェクト作成編

プロジェクトメンバーを登録・招待・承認する

トラブル解決Q＆A

HoloLens 2、あるいはHolostructionを使用するにあたり、さまざまなトラブルが発生することもあります。ここでは、起こりがちなトラブルとその解決策を解説します。

Q1 HoloLens 2の電源が入らない

電源ボタンを1回押すと、ボタンの下部にバッテリー残量を示すランプが表示されます。ランプが表示されない場合はバッテリー切れの可能性があるため、充電をしてください。ランプが表示されているにもかかわらずHoloLens 2の画面に何も表示されない場合は、すべてのパネルが閉じられている可能性があります。スタートジェスチャを行い、スタートメニューが表示されるか確認してください。スタートメニューも表示されない場合は、電源ボタンを10秒以上長押しし、強制再起動を行ってください。

電源ボタンは5秒以上長押しでシャットダウン、10秒以上長押しで強制再起動されます。

Q2 スタートメニューにHolostructionアプリがない

Holostructionアプリをインストールしたにもかかわらずスタートメニューのタイルに表示されない場合は、ピン留めが必要です。スタートメニューの「すべてのアプリ」をタップし、Holostructionアプリを探してください。アプリを見つけたらロングタップし、「ピン留め」をタップすると、タイルにピン留めされます。

❶「すべてのアプリ」をタップ
します。

❷「Holostruction」 を ロ ン グ
タップし、「ピン留めする」
をタップします。

Q3 HoloLens 2の動作が不安定

　工場出荷時に戻すことで動作が改善する可能性があります。ただし、HoloLens 2上
のすべてのデータが消失するので注意してください。工場出荷時に戻した場合は、改
めて初期設定とアプリのインストールなどを行ってください。

❶設定アプリを起動し、「更新
とセキュリティ」をタップし
ます。

❷「リセットと回復」→「始め
る」→「今すぐリセット」を
タップします。

以下の表を確認し、対処を行ってください。

ビルドバッチ

コード	メッセージ	説　明	チェック内容	エラー種別
E007	アップロードしたモデルファイルが不正です。	モデルファイルの内容を確認し、再度アップロードを行ってください。	ファイル内容が不正によりインポートに失敗した場合	エラー
E008	メッシュの名称が{0}文字を超えています。	メッシュ名称を{0}文字以内に収まるように、モデルデータを修正してください。 対象：{1}	メッシュ名が最大長を超過しているものが存在する場合	エラー
E009	メッシュまでのパス（階層構造）が{0}文字を超えています。	メッシュまでのパスが{0}文字以内に収まるように、モデルデータを修正してください。 対象：{1}	メッシュのヒエラルキー（メッシュまでのパス）の長さが最大長を超過しているものが存在する場合	エラー
W001	頂点数の許容範囲（{0}）を超えています。	モデルの頂点数が大きいため、Holostructionの挙動が不安定になる可能性があります。 頂点数：{1}	頂点数が超過している場合	警告
W002	モデルデータの容量が許容範囲（{0} byte）を超えています。	モデルの容量が大きいため、Holostructionの挙動が不安定になる可能性があります。 容量：{1} byte	ファイルサイズが超過している場合	警告

導入事例

Holostruction を実際に導入した現場の声

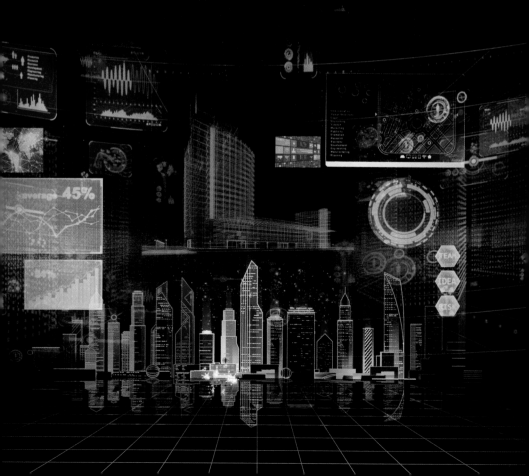

国土交通省・株式会社小松製作所（コマツ）

大河津分水路山地部掘削その6他工事

PROFILE

会社名：国土交通省 北陸地方整備局 信濃川河川事務所
回答者：事業対策官 信濃川DXマネージャー　南 健二氏

会社名：コマツ
回答者：スマートコンストラクション推進本部 事業推進部 コンサルティング
　　　　グループ　馬場康輔氏

大規模事業にて Holostruction を初導入

　大河津分水路は信濃川の洪水から越後平野を守るため、1922年に通水した放水路です。しかし現在、河口部は洪水を安全に流下させるための断面が不足しており、第二床固めの老朽化も進んでいます。そこで2015年より山地部の掘削および低水路拡幅で断面を確保する工事を行うとともに、第二床固めの改修も行っています。大河津分水路改修事業は、全長約3.3km、事業費約1200億円、事業期間18年にも及ぶ一大事業です。Holostruction最初の導入事例は、国土交通省北陸地方整備局より発注された新潟県燕市の大河津分水路山地部掘削その6他工事です。

　小柳建設は、山地部掘削による流下断面拡幅工事の一部を担いました。

Holostructionで品質管理の高度化を目指す

　本事業にて、小柳建設および協力企業のコマツはHoloLens 2及びHolostructionを初導入し、フロントローディングによる品質管理の高度化を目標とした技術検証を実施しました。具体的には、従来の対面による協議の課題を以下のように定め、これらの問題点を解消し、かつ従来の協議や進捗報告などの代替方法としてHolostructionが支障なく機能するか確認しました。

- **・図面だけでは、全員が同じレベルで施工イメージを共有できない**
- **・設計段階での危険予知が難しく、施工開始後に危険性に気づくことがある**
- **・設計や検査などの開催時、関係者全員がＩカ所に集まる必要がある**
- **・進捗報告時、報告用資料を用意するまでに時間と工数がかかる**

　本事業では、Holostructionを用いて工事現場（小柳建設）・現場事務所（小柳建設）・発注者事務所（国土交通省）の3拠点をリモートで結び、各種協議や合意形成を試みました。小柳建設ではプロジェクトマネジメント、ドローン測量による地形データのホログラム化、ホログラム使用による遠隔会議、検証後の評価、各種広報活動を担当し、コマツでは建機などのデータ収集、ドローンによる地形測量を実施しました。

　Holostructionは、国土交通省が推進するi-Constrcutionの取り組みに寄与するものです。そのため本事業は「建設現場の生産性を飛躍的に向上するための革新的技術の導入・活用に関するプロジェクト」（PRISMプロジェクト）にも採択されました。さらに初の業務への導入事例ということもあり注目度も高く、NHKワールド（BIZ STEAM「New Tech Helps Construction Industry」）、日経コンストラクション（特集「すごい現場」）、建設通信新聞（「ホログラフィックで現場可視化／施工課題を事前に洗い出し」）など、多くのメディアにも掲載されました。

現場に建機を導入する際の問題点にもHolostructionを活用。コマツにて建機などのデータ制作を行い、小柳建設にてデータをホログラム化し、作業シミュレーションを実施しました。

User's Voice

国土交通省 北陸地方整備局 信濃川河川事務所：南 健二氏

信濃川河川事務所は、国土交通省のi-Constructionモデル事務所として「3次元情報活用モデル事業」を推進しており、3次元データを施工段階において活用することにより現場の品質や生産性をどこまで高めることができるか、PRISMにも採択されたこのHolostructionについては大変興味がありました。

コマツ：スマートコンストラクション推進本部 事業推進部 コンサルティンググループ 馬場康輔氏

弊社の開発したSmart Construction Drone/Edgeで測量したデータがどのように利活用できるか興味がありました。ただ現場が海沿いということもあり、ドローン測量に影響しないかという懸念は少しありましたね。

■関係者が施工現場を同じレベルでイメージ

従来の協議では、実際の現場を正確にイメージしづらいという課題がありました。これまでは2次元の図面に落とし込まれた施工現場を、それぞれの頭の中で3次元化して想像するしか方法がなかったのです。このような協議だと実務経験レベルによって理解度に差が生まれ、正確に現場を把握できないままに物事が進んでしまうという懸念があります。

本事業では、CIM（3Dデータに素材・工数・管理情報などの属性を付与し、設計から施工、アフターメンテナンスまで利活用すること）で作成した河口の3DデータをHolostructionでホログラム化し、HoloLens 2にて目の前に表示しながら協議を実施しました。このことで、実際の高さや広さなど、これまで現場に赴かなければ確認できなかった情報も計画段階から体感でき、全員が同じレベルで現場をイメージできました。

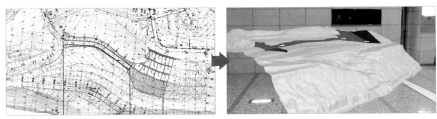

図面をホログラム化することで、工事の施工経験や知識に関係なく、全員で同じ施工イメージを共有できました。

国土交通省 北陸地方整備局 信濃川河川事務所：南 健二氏

現場の地形データが目の前に初めて現れたときは、正直驚きましたね。
特によいと感じた点は、単に完成形のモデルを見せるだけではなく、時間を操ることで掘削工程や順序を時系列に確認できるところです。受注者と一緒に、同じモデルを見ながら話し合いができるので、施工過程の課題など共通認識をもちながら進行できました。

■ 施工前にオーバーハングを発見・対処

　本事業では、施工前協議において施工不可部分（オーバーハング）についての対策協議が行われました。オーバーハングとは、地盤が雨や地震などの影響でえぐれてしまう状態のことです。Holostructionにて現場を3D化することで、山地の一部にオーバーハングが発生していることが発見されたのです。

　オーバーハングは大変危険な状態であるため、発注者に対して問題点の説明、および対策案を提出する必要があります。ここでもHolostructionを活用し、ホログラムを目の前にして対策前・対策後の相違を視覚的に説明することで、発注者側にも納得感が生まれ、対策案についてスムーズに合意形成へと進むことができました。さらに、施工範囲下部に落石のリスクがあることも発見し、迅速な落石防止対策の立案に役立てることもできました。

　このように、従来であれば施工が始まらないと発見できなかった現場の安全上の問題も、Holostructionを利用することで事前にあぶり出し、対応策を協議できるのです。

現場を3D化することで、オーバーハングを確認。変更案（切り立った部分をなくす）も3D化して説明することで納得感が生まれ、スムーズに合意形成へと進みました。

導入事例

国土交通省・株式会社小松製作所（コマツ）

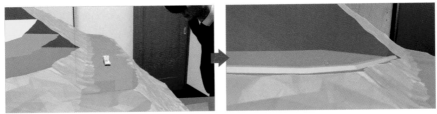

施工範囲の下部においてほかの現場も利用予定であり、落石のリスクがあることを発見。ホログラム上で落石防止対策を検討することで、安全に施工を実施できました。

User's Voice

国土交通省 北陸地方整備局 信濃川河川事務所：南 健二氏
現場状況を3次元モデルにすることで、従来の平面図や断面図として示された紙の発注図では見えなかった潜在的な課題やリスクを洗い出すことができる点は、フロントローディングの観点でも重要だと感じました。Holostructionを使えば、今回のような現場までの移動距離がある場合も、すぐに現場に立ち、問題の箇所を参加者全員で確認できます。この機能は、あらゆるシミュレーション用途に活用できると思います。

■恐怖心の度合いを事前シミュレーションで確認

これまでは、建機や資材の搬入に関しても現場の図面を見ながらシミュレーションし、課題の検討・対策を行っていました。ただ、図面だけではどうしても予想できない問題も発生します。その場合は施主への説明、計画の見直し、安全対策を行うために現場の作業がストップしてしまいます。さらに工事の手戻り（やり直し）が発生すると、工期の大幅な遅延につながる可能性もあります。

Holostructionの優れた機能として、現場のホログラム上に建機や人物などのホログラムを配置し、事前にシミュレーションを実施できるというものがあります。今回は現場をホログラムでチェックすることで、一部の掘削箇所における工事用道路の勾配が最大で十数％になるポイントを発見しました。そこで、運搬車両のホログラムを配置し、1:1スケール上でシミュレーションを行うことになりました。

シミュレーションでは、建機オペレーターに実際の高低差を体感してもらいました。すると、傾斜角への恐怖心に個人差が存在するということが明らかになったのです。

この結果をもとに、該当箇所の勾配を安全に施工できる勾配になるよう設計を変更することになりました。

　Holostructionを利用することで事前に安全対策ができ、施工の安全性を大きく向上させるとともに、瞬時に対策協議ができるため、スケジュール遅延を防止することにもつながります。加えて「人によって感じる恐怖心の違い」など図面では判断しづらい心理的な問題を洗い出すこともできるので、作業員一人ひとりに配慮した、より働きやすい環境を構築することも可能となります。

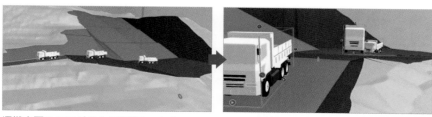

運搬車両のホログラムを配置し、シミュレーションを実施。一部の掘削箇所に工事用道路の勾配が最大十数％になっているポイントがあることが判明しました。

シミュレーションの結果をもとに傾斜をなだらかに変更。現場の安全性を確保することができました。

User's Voice

国土交通省 北陸地方整備局 信濃川河川事務所：南 健二氏
3次元のモデル上に建機を置いてさまざまな施工ステップのシーンをシミュレーションできるのは、とても便利ですね。仮設物の配置などは、現場で決めなくてもHolostructionでシミュレーションできるので、実際に現場へ行く回数も減ると思います。

コマツ：スマートコンストラクション推進本部 事業推進部 コンサルティンググループ 馬場康輔氏
弊社では多種多様の建機を提供しているので、3次元モデルを使って実際の現場への運搬や施工性などを事前にシミュレーションできる機能は、非常に役立ちます。

■検討協議を6.3日分削減

　先述したような安全確保に伴う設計変更協議を行う場合、従来であれば現地調査、および施主の現地立ち会いなどを伴う説明が必要でした。Holostructionなら現地に行くことなくホログラムを使って視覚的に提案できるため、情報伝達スピードが大幅にアップします。今回の検証では、伝達スピードが従来の協議よりも50%以上向上し、さらに丁張設置や現地立ち会いに関する工数が不要になったことで、合意形成までの期間を6.3日間削減できました。

従来の協議とリモート協議の削減日数

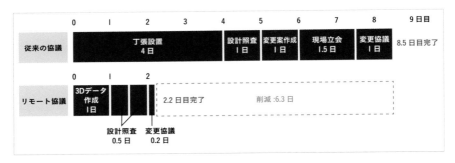

■会議のための手間と時間を大幅削減

　これまでの施工前協議では、平面図や断面図といった紙図面を施工箇所ごとに用意し、さらに図面だけでは説明の難しい箇所に関しても別途説明資料を用意するなどして、提案および合意形成を行う必要がありました。つまりこれらの資料を作成し、会議参加者の人数分印刷する手間と時間がかかっていたのです。さらには参加者が一堂に会するためのスケジュール調整が必要で、関係者それぞれに待ちの時間が発生してしまうという問題もありました。

　Holostructionなら、事前に作成したホログラムを利用することであらゆる資料作成の工数を削減できるので、従業員の負担を大幅に軽減します。また、普段仕事をしている場所から移動することなく協議に参加できるため、調整に伴う無駄な待機時間も大幅に削減できます。移動というアクションも不要になることで、移動時間の削減や移動経費の削減にも効果を発揮します。

今回の施行で、対面による協議の3回に1回はリモートに置き換えでき、約33％もの移動時間削減が実現できると試算されています。こうして生まれた時間をより生産性のある仕事に割り当てることで、従業員の生産性の向上につなげることができると考えられます。

遠隔地の工事関係者もアバターとしてリモート参加。まるで全員がそこに集まっているかのような協議が実現できました。

User's Voice

国土交通省 北陸地方整備局 信濃川河川事務所：南 健二氏
お互いが同じ現場状況を見て話し合えるので、伝える側も聞く側も同じ施工イメージを共有でき、非常に分かりやすいと思いました。認識の齟齬も防ぎ、協議もスムーズに進んだと思います。特に今回のような設計変更が発生する工事については、従来であれば現場での確認と協議のため現場への移動が伴います。これがリモートで解消されるのは大きいですね。

コマツ：スマートコンストラクション推進本部 事業推進部 コンサルティンググループ 馬場康輔氏
Holostruction 上で現場のモデルをはじめあらゆるデータを確認できるので、現場に行かずとも協議を効率的に進めることができ、有用だと思います。

■ ドローン併用で施工管理の品質向上を実現

　施工における進捗管理は通常、施工した箇所の施工量を週間工程表などで記載し、週間工程会議などの場において定期的に報告します。報告時は、現場を測量したデータから資料を作成し、実工程表を更新するという作業が必要です。もちろん、週間工程会議にかかる日程調整や、現場から会議の場までの移動時間も必要となります。

　今回はSmart Construction Drone/Edge と Holostruction を使って、リモート会議にて作業内容と施工の進捗報告が従来と同等程度スムーズに実施できるかを検証しました。

　Smart Construction Drone/Edge は小松製作所が提供している、ドローンを利用した

測量サービスです。自動運航する専用ドローンにて現場の映像を撮影し、即座に現況測量データを取得できます。Smart Construction Drone/Edgeを利用することで、調査と測量を3次元的に実施し、設計や計画を一括管理できるといったメリットがあります。

この Smart Construction Drone/Edgeで現場の地形データを取得してパソコン上でホログラム化し、Holostructionを使って進捗報告を行うことで、現場の現在の状況を実物大で確認したり、設計時のホログラムとの対比を容易に行ったりできるようになります。

Smart Construction Drone/Edge と Holostruction の連携

Smart Construction Drone/Edge を使った測量は、ドローンの基準点設置から始まります。これは基準点の緯度・経度をGPSにより正確に割り出すために、Smart Construction Edge と呼ばれる Edge コンピュータを設置するという作業です。設置が終わったら、測定範囲から割り出した飛行ルートをタブレットアプリにて表示し、Smart Construction Drone に設定します。そして、Smart Construction Drone による測量（UAV測量）を行い、最後に飛行完了した Smart Construction Drone から採取した画像データを Smart Construction Edge 経由で変換（画像処理＆点群処理）し、クラウド上に測量点群をアップロードします。

これまでの地上レーザー測量では、作業開始から完了まで毎回4時間程度かかっていましたが、Smart Construction Drone/Edge を使ったUAV 測量では1時間程度で終了。測量の時間を大幅に削減できました。

なお、今回は海沿いの現場であったため、暴風雨により Smart Construction Drone を飛ばせず予定していた測定作業が中止になるというアクシデントがありました。ただ別日に再設定することで、協議自体に影響はありませんでした。

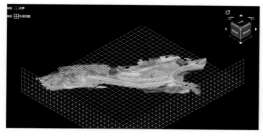

点群データのプレビュー表示です。
黄色の網目で記されている箇所が、
設計時のデータを表しています。

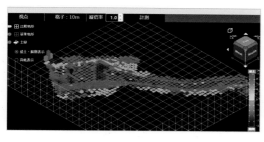

異なる2日間のデータより施工度量差
分を計算し、ヒートマップで表して
います（青い部分が掘削済みの箇所）。

　測量が終了したら、採取した点群データから線と面をつける作業（メッシュ生成）を行い、Holostructionのホログラムを作成していきます。地上レーザー測量ではデータをホログラム化するまでに4日程度かかっていましたが、Smart Construction Drone/Edgeを利用することでわずか1時間程度にまで短縮できました。

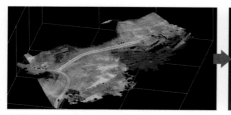 

点群データからメッシュ生成を行い、現在の現場のホログラムを作成します。

　最後にHolostruction上でホログラムを表示し、進捗報告を行います。異なる日付の同地点データを色分けして合成することで、時間経過による掘削状況の変化を明示化できます。またタイムスライダーを使って過去から現在までの施工の変遷を即座に把握できるので、今までの進捗報告よりも必要な情報へアクセスしやすくなると同時に、リアリティのある報告が実現します。

現場に行くことなくさまざまなスケール・角度・位置から現場の状況を確認できます。ものさし機能を使った測長なども可能です。

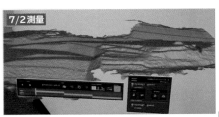

同地点の別日のホログラムを合成して掘削箇所を明示化し、タイムスライダーを使っての進捗報告は、刻々と変わる現場の様子が一目で分かると大変好評でした。

　今回の施工では、Smart Construction Drone/Edge と Holostruction を併用することで現場の測量時間を75%短縮できました。また、測量後1時間程度でホログラム化し進捗報告が行えるため、今まで4〜5日後に行っていた進捗報告をほぼリアルタイムに実施できました。

　Smart Construction Drone/Edge と Holostruction の併用は、施工管理の品質向上に大きく貢献することが明らかになりました。

地上レーザー測量とドローン測量による各時間の比較

作業項目	地上レーザー測量	ドローン測量	比較結果
現地測量時間	4時間	1時間	75%短縮
ホログラム確認 までの所要時間	4日	1時間	99%短縮

User's Voice

国土交通省 北陸地方整備局 信濃川河川事務所：南 健二氏

通常の地上レーザー測量で作成したデータは、3次元モデルで確認できるようになるまで数日かかっていました。それが、ドローンを使った測量とHolostructionを組み合わせれば、その日のうちに確認できるのでありがたいですね。また、Holostructionを使えば現場の進み具合を時系列でいつでも確認できる点も便利だと思います。

コマツ：スマートコンストラクション推進本部 事業推進部 コンサルティンググループ 馬場康輔氏

Smart Construction Drone/Edgeで測量したデータは、すぐにHolostructionでモデル化して提示できます。日々の工事進捗をリアルタイムで確認できるのは大きなメリットですね。

Holostructionは選択肢の一つになる

User's Voice

国土交通省 北陸地方整備局 信濃川河川事務所：南 健二氏

今回3次元モデルを利活用することにより、フロントローディングが実現し、従来の紙図面では見えなかった細かなリスク要因を施工前に見つけることができました。また、あらゆる協議をリモートで行えたことも、有用であると感じています。
国土交通省ではi-Constructionを推進しています。建設生産プロセスにおける3次元モデルの利活用は今後も進んでいくと思いますし、データ活用や遠隔臨場などのシーンにおいて、Holostructionは選択肢の一つになると考えます。

コマツ：スマートコンストラクション推進本部 事業推進部 コンサルティンググループ 馬場康輔氏

Smart Construction Drone/Edgeで測量したデータの活用において、Holostructionとの親和性が非常に高いことが同現場において実証できたと感じています。i-Constructionを推進していく企業にとって、有効なものになっていくと考えます。

国土交通省・
株式会社小松製作所（コマツ）

阿賀野バイパス15工区改良その2工事

PROFILE

会社名：国土交通省 北陸地方整備局 新潟国道事務所
回答者：副所長　徳橋良幸氏

会社名：コマツ
回答者：スマートコンストラクション推進本部 事業推進部 コンサルティング
　　　　グループ　馬場康輔氏

前年度に続きPRISM案件に採択

　前年度の「大河津分水路山地部掘削工事」に続き「建設現場の生産性を飛躍的に向上するための革新的技術の導入・活用に関するプロジェクト」（PRISMプロジェクト）に選定されたのが、国土交通省 北陸地方整備局 新潟国道事務所より発注された、新潟県阿賀野市の阿賀野バイパス15工区改良その2工事です。この工事は、国道49号（福島県いわき市〜新潟市）における阿賀野市街地の交通問題の解消を目的としています。

　小柳建設は、施工を実施する中で、協力企業のコマツと再び連携し、HoloLens 2およびHolostructionによる労働生産性の向上を目的とした技術検証を行いました。

着手前

着手後

Holostructionで労働生産性の向上を目指す

Holostruction導入2例目となる本事業では、目標を以下のように定めました。

・対面による接触を削減しつつ、これまでと同等レベルの協議を実現

・協議に伴う移動時間を50％削減

　対面による接触の機会を削減することは、新型コロナウイルス感染拡大の防止にもつながります。ただしリモートによって、協議の品質が従来の対面協議より低下してしまっては意味がありません。本事業では事前協議、進捗報告、竣工検査などのあらゆる業務をリモートに置き換え、接触の機会を減らしつつ、従来と同等レベルでの協議が実現可能か検証しました。特に竣工検査ではMicrosoft Teamsも導入し、工事現場2か所（小柳建設）・現場事務所（小柳建設）・施主事務所2カ所（国土交通省）の5拠点をリモートでつなぎ、完全非対面での検査が問題なく実施できるか試みました。

　リモートによる協議は接触の機会を減らすだけでなく、移動時間を削減するというメリットもあります。今回は、協議や検査に伴う移動時間を通常の50％削減することを目標としました。

　本事業では、小柳建設にてプロジェクトマネジメント、地形データのホログラム化、工事概要説明用の4次元ホログラム作成、ホログラムとMicrosoft Teamsを使った遠隔会議、検証後の評価、YouTube動画作成などの広報活動を担当。コマツは前回と同様、建機などのデータ収集、ドローンによる地形測量を担当しました。

　本事業は、NHKおはよう日本（「DX〈デジタルトランスフォーメーション〉」）などの各種メディアにも取り上げられました。

竣工検査ではHolostructionとMicrosoft Teamsを併用し、完全非対面での検査が実現可能か検証しました。

国土交通省 北陸地方整備局 新潟国道事務所：徳橋良幸氏
MR技術を使った3次元モデルの活用やリモートでの協議は初めてでしたので、従来の品質を落とさず進められるか不安はありました。反面、コロナ禍ということもあり、非接触でのリモート協議や遠隔臨場については期待を寄せていました。

■設計変更をリモートのみで合意

　従来のリモート協議では、イメージの共有に多くの資料を用意し、相手の理解度を確かめながら検討を進める必要がありました。声だけで細かなニュアンスが伝わりきらないときは現場の写真や図面を使って対面での説明を行いますが、資料だけでは現場のスケールや実態がつかみにくいため、結局追加の臨場確認などが必要になる場合も多々あったのです。

　こうした課題があるなか、本事業では仮設物や安全施設の設置位置に関する協議をリモートで実施しました。いずれも従来であれば現場へ赴き、対面での協議が必要になる内容です。しかし、実物大のホログラムや各種書類を目の前に投影してリモート協議を進められるHolostructionであれば、現場に立ち会わずとも設計変更について協議することが可能になります。

　今回は安全施設（反射板のついたポール）を設置するにあたり、現場を1:1スケールで表示し、ドライバーの目線で経路を確認しました。このことで一部農道の乗り入れが発生する箇所を発見し、施主である国土交通省 北陸地方整備局 新潟国道事務所指示のもと、ポールの設置位置を変更することになりました。図面だけでは見落としがちな現場目線での協議を、現場へ足を運ぶことなく実施できるのは、Holostructionならではのメリットといえます。

　また遠隔地の参加者が人型のアバターとして表示される機能も、相手の反応をリアルタイムに確認できるため、スムーズな合意形成を行ううえで効果的でした。

国土交通省 北陸地方整備局 新潟国道事務所：徳橋良幸氏
目の前に現場を投影し、現場に移動することなく複数の人間で同じ場所を見ながら会話できる点がよいと思いました。協議の参加者はすべてリモートでしたが、目の前にアバターとして立っていて会話もできたので、特に不便は感じませんでしたね。

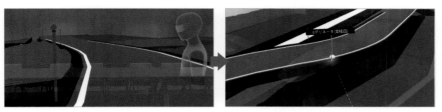

ポールの設置について、1:1スケールでシミュレーションを実施。農道の乗り入れが発生する箇所を発見し、設置位置の変更を行いました。

■移動時間を60%削減

　いくら協議を効率化しようとしても、対面である以上会場までの移動時間を削減することは本来難しいものです。本事業においても、施主と対面で協議を行う場合は車で片道28.5km、約42分の移動が必要でした。しかし今回はHolostructionを活用し、計5回の協議の内3回をリモート会議に置き換えることで、合計4.2時間もの移動時間を削減。従来と比べて60％もの削減率を達成できました。

　特に先述した安全施設の設置場所について、リモートのみで現場検証・合意形成まで実現できたことは大きな成果でした。協議に参加した国土交通省 北陸地方整備局新潟国道事務所からも、現場確認を伴う協議においてHolostructionは十分有用であるとの評価でした。

対面のみでの協議とリモート協議併用による移動時間の比較

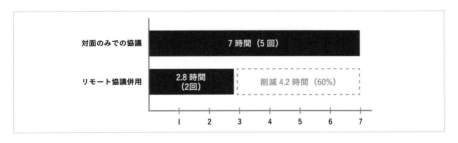

国土交通省 北陸地方整備局 新潟国道事務所：徳橋良幸氏
安全施設の設置場所についての協議をHolostructionで行いましたが、本来であれば
当事務所からさらに車で約40分かかる現場に移動する必要があります。今回は現場に
行くことなく状況を確認でき設置場所の指示もスムーズにできました。体感ですが、
このような現場確認が必要な協議も、半分くらいはHolostructionに置き換えられる
のではないかと思います。

■Smart Construction Drone/Edge の併用でリアルタイムに現場報告

　本事業でも前回同様小松製作所の提供するSmart Construction Drone/Edgeを併用
し、現地測量・進捗報告を実施しました。通常の地上レーザーを用いた測量の場合、
測量する面積によって違いはあれど、今回の施工現場であれば現地測量に4時間程度、
その後のホログラムへの変換・アップロード作業に4日間程度かかります。Smart
Construction Drone/Edgeを使った測量なら、測量データが即座にクラウドへアップ
ロードされるうえ、地形以外の不要な障害物が自動で除去され、データのリダクショ
ンも自動的に行われるため、手間や工数を大幅に削減できます。今回は測量開始から
1時間程度で点群データ収集が完了し、その後の変換作業・アップロード作業も1時
間程度で完了しました。

　つまり、これまで測量～ホログラム化まで4日強かかっていた作業が、Smart
Construction Drone/Edgeを利用することにより約2時間で完了することになります。
現場報告をほぼリアルタイムに行うことができれば、施主の納得感にもつながります。

　さらに今回の検証ではリモートによる週間工程会議を2回実施しましたが、いずれ
も対面での報告と遜色なく、スムーズに完了しました。HolostructionとSmart
Construction Drone/Edge を併用すれば、スピード面・内容面ともにクオリティの高
い報告会議を実現できることが明らかになりました。

測量した点群データよりホログラムを即時作成でき、施工の進捗をリアルタイムに報告できました。

地上レーザー測量とドローン測量による各時間の比較

作業項目	地上レーザー測量	ドローン測量	比較結果
現地測量時間	4時間	1時間	75%短縮
ホログラム確認までの所要時間	4日	1時間	99%短縮

コマツ：スマートコンストラクション推進本部 事業推進部 コンサルティンググループ 馬場康輔氏

Smart Construction Drone/Edgeで測量した点群データはWeb画面から即時ダウンロードできるため、そのデータをHolostruction上ですぐに立体化して確認できる点がよいと思います。複数の進捗データを重ね、変化の差分を見るという使い方は、あらゆる事象報告や分析などの場面で利用できるのではないかと思います。

導入事例

国土交通省・株式会社小松製作所（コマツ）

■竣工検査を100%非対面で実施

本事業の竣工検査は、Microsoft TeamsとHolostructionを併用して実施しました。Microsoft Teamsとは、オンライン会議やチャット、ファイル共有などができるコミュニケーションプラットフォームのことです。

これまでの竣工検査では、検査官や監督官と対面にて書類検査を実施し、一同で現場へ移動してから実地検査を行っていました。書類検査はともかく、出来形を確認するには、実際に現場に足を運ぶ必要があったのです。また現場での検査時は、ローバーなど測量機器の指示値を確認する必要があります。法面や高所など、足元の悪い場所での目視確認が必要になる場面もあり、安全面にも課題を残していました。

本事業では右図で示すとおり5拠点をリモートでつなぎ、以下の流れで竣工検査を進めました。

①Holostructionにて検査官に工事概要を説明
②Microsoft Teamsにて書面検査
③Holostructionにて出来形確認、および検査官による測定箇所の指示
④Microsoft Teamsにて現場中継
⑤現場へ測定箇所の指示伝達、現場担当者の移動
⑥測定箇所にてGNSSローバーによる計測
⑦計測結果をMicrosoft Teamsの中継にて報告、検査官による確認

まずはHolostructionにて、工事概念説明書と現場のホログラムを仮想空間上に投影します。工事概念説明書をもとに工事の内容を説明し、さらにホログラムのタイムスライダーで時間を進めながら、各工程の流れを説明しました。書類の検査は、電子納品が必要な資料をMicrosoft Teamsで画面共有し、検査官の質問に対して回答しました。電子納品対象外の資料は、書画カメラで紙の書類を直接映しながら提示しました。

臨場検査は、Holostructionにてホログラムとヒートマップを使った出来形の確認と検査官による測定箇所の特定作業を行い、次にMicrosoft Teamsにて現場とリモートでつなぎ、現場の作業員に対し音声で直接測定箇所の指示を行いました。現場の担当者はその場で測定を行い、結果を報告し、検査官にて確認を実施しました。

以上のように、竣工検査をすべてリモートで行ったため、竣工検査にかかる移動を100%削減しました。移動時間含め6〜7時間かかっていた竣工検査が、3時間程度で完了しました。Holostructionを活用すれば、検査官や監督官が現場に行くことなく、安全かつ素早く竣工検査を実施することが可能であると確認できました。

竣工検査手順と使用デバイス

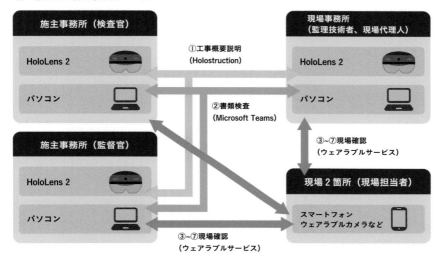

国土交通省 北陸地方整備局 新潟国道事務所：徳橋良幸氏

受注者が検査官に対して工事概要を説明する際、ホログラムを用いることで現場の工程を分かりやすく説明できていたと思います。出来形検査においても、空間上にヒートマップを展開し、目の前に設計値と実測値を重ね合わせたモデルを表示していたので、現場でどこを確認すべきか判断しやすかったですね。Holostructionは各アプリやデバイスとも自由に組み合わせができるので、柔軟性にも優れているなと感じました。

Holostructionのような技術が今後必須に

　今回の事業について、徳橋氏は「全体を通して、モデルを使うことでイメージ共有がスムーズでした。受発注者間の認識齟齬が起きにくくなるので、手戻りなどのリスク軽減につながると感じました」と振り返ります。また、リモート協議や遠隔臨場はi-Constructionとしても、また感染症対策としても必須であるとし、「こうした技術を今後も積極的に活用していきたいと考えています」と語ります。馬場氏も「Smart Construction Drone/Edgeとの連携による現場データの利活用に大変期待しています」とさらなる期待を寄せています。

CASE 03 株式会社シナト

新社屋建築工事

PROFILE

会社名：株式会社シナト（sinato）
回答者：代表取締役　大野 力氏

コンセプトは「アイデアと成果を生むオフィス」

　2019年6月、小柳建設では築69年を迎えた社屋を建て替える新社屋建築工事をスタートしました。コンセプトは「アイデアと成果を生むオフィス」で、時間と場所を自由に選択して働ける「アクティビティ・ベースド・ワーキング（ABW）」という概念を取り入れています。新社屋の2〜3階は「執務スペース」として開放しており、社員は好きな席を選んで業務を行うことができます。また、小グループの会議に便利な「アメーバスペース」、地域のイベントなどでも活用できる「インキュベーションスペース」など、コミュニケーションを活発化するための工夫を随所に凝らしています。

　小柳建設は、IT化によって新しいワークスタイルを確立するのと同時に、人が集まることで生まれる化学反応も同様に重要視しています。これからは、デジタル化を進めていくことはもちろん、ないがしろにしてしまいがちな人と人とのコミュニケーションをどのように創出するかが課題となります。対話を増やし、アイデアを生み出すための場となることで、出社そのものの価値を高めるオフィスにしたいと考えました。

社外では初となるHolostruction導入事例

　そんな新社屋の設計を担当したのが、株式会社シナト（以下シナト）です。今回の事業でシナトはHolostructionを導入し、小柳建設との設計における検討会議に活用しました。Holostructionの社外での実務導入は、これが初めての事例となります。

　シナトは、JR新宿駅の商業施設「NEWoMan」の全体環境デザインを始め、400件以上の設計実績のある会社です。なぜHolostructionの導入を決定したのでしょうか？

　「これまで頭の中でイメージしていたものを目の前に可視化して複数人でシェアすることができるからです」と大野氏は語ります。

　通常、設計を行う際には、設計会社がさまざまなスケールの模型を作成し、関係者はそれを1つ1つ眺めながら実際の建物の様子を頭の中で想像するしかありません。1:100スケールの模型を頭の中で正確に1:1スケールに変換するというプロセスは、技術と経験が必要です。そのため、発注者と設計者のみならず、ベテランの設計者と駆け出しの設計者の間でも、理解度にギャップが生じてしまうのです。

　Holostructionを使えば建物が実物大で表示されるため、理解度のギャップを埋め、全員が同じレベルで完成形をイメージできます。新人だろうと、まったくの未経験者だろうと、設計について積極的に議論に加わることができるのです。

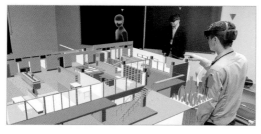

「キックオフミーティングで使用した図面と模型が3次元のホログラムで表示されたときは、とても感動しました」（大野氏）

> **User's Voice**
>
> ### シナト：大野 力氏
>
> Holostructionを導入したことにより、通常製作する模型の数が減り、業務効率化にも非常に役に立ちましたね。模型は一度作成してしまうと変更するのに手間がかかりますが、Holostructionではデータ上で変更を行えば、モデルにも反映されるので、空間検討のスピードアップにも役に立ちました。

合意形成までの時間短縮や設計の精度向上に期待

　本事業では、シナトにて社屋の設計を担当し、小柳建設にて施工を担当しました。Holostruction導入により、以下の効果を期待しました。

①利用イメージ共有による合意形成までの時間短縮

②実物大の模型確認による設計精度向上

③事前シミュレーションによる施工の手戻り防止

④会議開催に伴う時間や費用の削減

　①については、シナトにて作成した設計段階のCADデータを小柳建設がホログラム化し、Holostructionで確認しながら協議を実施することで、設計段階から利用イメージを共有しつつ、発注側の納得感を向上させ、合意形成までにかかる時間を短縮することを目指しました。

　②については、模型で体験できない空間の広さ、高さ、動線などを実物大で確認することで、設計の精度向上を期待しました。

　③については、ホログラムを使った施工前シミュレーションによって、後続作業で発生し得る重大な認識違いを事前に回避し、施工の手戻りを防止することを期待しました。

　④については、リモート会議を併用することにより、シナトの事務所がある東京から小柳建設の事務所がある新潟間の移動を削減し、移動時間と移動費用を縮小することを目指しました。

　本事業は、日本経済新聞社（2021年2月17日「新社屋、地域交流の場に」）などの各種メディアにも掲載されました。

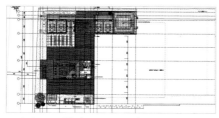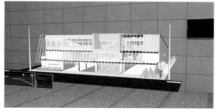

シナトにて設計したCADデータを、小柳建設にてホログラム化します。HoloLens 2及びHolostructionを使って、設計検討協議が進められました。

■「模型の中に入る」という驚きと感動

　やはり設計段階で実物大の完成形を見ることができるのは、Holostruction 最大のメリットといえるでしょう。Holostruction ではホログラムのスケールを自由自在に変更できるので、模型と同等のサイズで全体を俯瞰できるだけでなく、実物大の建物を会議参加者全員の目の前に表示することも可能です。ジャンプ機能を使って建物内を瞬間移動したり、実際に歩きながら見て回ったりすることもできます。

　今回はシナトで作成した1:100スケールのCADデータを小柳建設でホログラム化し、Holostruction にて1:1スケールに展開して設計協議を行いました。協議に参加した大野氏は、建物内に実際に入り、さまざまな場所を移動しながら確認できるということに大変驚き、また感動されている様子でした。

　複数のパターンを簡単に作成して展開できるのも Holostruction ならではの重要なポイントです。今回は、オフィス内における家具の配置パターンを複数案用意し、ホログラムを作成します。それぞれのパターンを実物大で表示し、動線や実際の利用イメージを互いに共有しながら、スムーズに合意形成を行うことができました。

　シナトでは通常大小50〜100個もの模型を紙で作成しているとのことですが、今回はHolostruction を用いることで模型作成時間と工数を大幅に削減でき、かつホログラムも十分に設計協議で利用できるクオリティとのことでした。

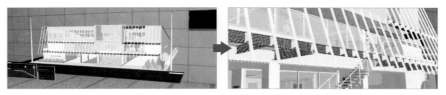

スケールを変更しながら完成形を確認します。全体を俯瞰してさまざまな方向から眺めたり、実物大のホログラムの中を実際に歩きながら確かめたりすることができました。

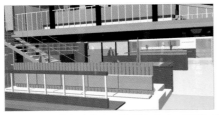

オフィスの中も実物大で確認します。実際の目線で確認したり、しゃがんでみたりして、利用イメージを協議しました。施行前に実物大でさまざまなパターンを検証できるのは、Holostructionの大きなメリットです。

シナト：大野 力氏

従来は模型から想像するしかなかった建物内の空間が実寸大で目の前に現れ、歩き回ることができたのは衝撃的でしたね。また、誰もが実寸大の同じ建物を確認できるという点は、やはり大きなメリットだと思います。通常、小さな模型から実寸大の建物を正確にイメージできるようになるには経験が必要ですが、Holostructionなら経験の浅いスタッフとベテランのスタッフとで、同じ知見を得ることができます。

■模型ではできなかった「目線の確認」

　Holostructionがスムーズな協議に貢献した例として、もう1つ目線の確認があります。今までの模型を利用した協議では「建物の外からは、建物内の人物がどのように見えるのか？」「建物内から外を見るとき、どのような景色が見えるのか？」といった実際の見え方については、模型や図面から想像するしかありませんでした。

Holostructionでは1:1スケールの建物のホログラムに人物のホログラムを配置し、実際の人物や景色などの見え方まで体感できます。イメージと異なる場合は早々に設計を修正できるので、手戻り防止にも一役買います。

　今回は建物の2階や3階に人物のホログラムを配置し、外の道路から建物を見上げて人物の見え方を確認したり、逆に建物内から人物の目線で景観を確認したりといったシミュレーションを実施しました。シナトからは、「例えば光の差し込み具合も、コンピューターの計算だけでなくホログラムを複数用意して検証ができるのではないか？」など、模型では得られない多くの情報を得られることが有益だとの声がありました。

人の目線からどのように見えるかを検証します。人のホログラムを配置して、上階からの景観や、道路側からの見え方を確認しました。

シナト：大野 力氏
「建物と人物の親和性」というのは、模型では得られない、Holostructionならではの情報ですね。壁の大きさや軒下の高さなどを体感しながら調整できるのは、設計における大きな利点なのではないでしょうか。

■4次元データを使った搬入シミュレーション

　Holostructionでは、ホログラムに時間という概念を付与し、4次元のデータを作成できます。今回は基礎工事から完成までの段階ごとにホログラムを作成し、工程表のタイムスライダーを使って、ホログラムを遷移しながら工程の確認、スケジュールの検討を行いました。また、それぞれの工程段階のホログラムに建機や資材のホログラムを配置し、搬入シミュレーションも実施しました。

刻々と変わる建物の状況に合わせて搬入経路の検証ができ、状況に合わせ適切な安全確保を実現できました。

　道路に面して迫り出す建物のため、重機や資材の搬入路の確保が難しいといった問題がありましたが、建て方の順番や搬入動線を事前にシミュレーションできたため、それらを解消することができました。

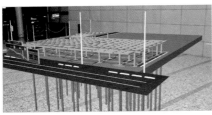

タイムスライダーで施工手順を確認しながら、それぞれの工程における搬入経路を検討します。Holostructionなら、未来・過去を自由に行き来しながら協議を行うことができます。

User's Voice

シナト：大野 力氏
立体的に施工手順を確認できるので、設計監理業務の負担が減りましたね。また、効率的な施工計画を行うことで、建設機械の稼働時間を減らし、環境負荷の軽減や労働時間の短縮にも寄与できる可能性があると思います。

■遠隔地の相手ともゼロ距離で協議

　今回は施主（Wisdom Holdings）、施工主（小柳建設）、設計（シナト）の3拠点で協議を実施しました。通常の会議であれば、新潟↔東京間で5時間の移動が必要です。今回は10回程度の打ち合わせをHolostructionでの会議に置き換えることで、約50時間を短縮できました。

　Holostructionの会議は、単に時間や費用を削減するだけでなく、密なコミュニケーションも実現できたと大野氏は語ります。最近ではリモートでの打ち合わせも一般的になってきていますが、設計に関してはより細かな確認が必要となるため、ビデオ通話では不自由さを感じることもあります。その点Holostructionではアバターが表示され、相手の目線や動きがすぐに分かるため、まるでその場に相手がいるかのように会話ができます。ビデオ通話ではできない密なコミュニケーションが、スムーズな協議

につながったのです。

シナト：大野 力氏

相手が同じ空間にいるような感覚で協議ができたので、コミュニケーションにおける
ストレスはまったくありませんでしたね。従来のビデオ会議では図面上の位置を示す
際、すべて言葉にして表す必要がありましたが、Holostructionなら目線や指で示す
だけで説明できました。

街をホログラム化できればさらに価値が高まる

　今回、Holostructionを社外で初めて実務に活用したシナトですが、大野氏は今後、
さらに利用範囲を広げていきたいと意欲を見せています。

　「例えば、建設予定地の周りにあるビルや街なども丸ごとホログラム化できれば、
現場に赴くことなく、周辺環境と建設物のバランスを見ることができます。これが実
現すれば、Holostructionはますます利用価値が高まりますね。応用的な使い方も含め
て、可能性を模索していきたいと思っています」

株式会社竹中工務店

リバーホールディングス両国新築工事

PROFILE

会社名：株式会社竹中工務店
回答者：東京本店 設計部 設計第2部門 設計4（アドバンストデザイン）グループ長
　　　　花岡郁哉氏
　　　　技術研究所 未来・先端研究部 建設革新グループ 主任研究員　北野信吾氏

「自然の光や風を感じるオフィス」を目指して

　株式会社竹中工務店（以下竹中工務店）ではリバーホールディングス両国新築工事にてHolostructionを導入し、設計における検討会議の場で活用しました。

　株式会社リバーホールディングスは、リサイクルを中心とした複数のグループ会社を統括する持株会社です。「高度循環型社会」の実現を目指す同社の新しいオフィスを設計するにあたり、竹中工務店はより自然を感じることのできるオフィスとしました。複雑な曲壁面により自然光を取り入れ、吹き抜けやテラスを導入することで、自然の風を適度に感じることができるよう工夫されています。外部の自然環境を適度に感じることのできるオフィスは、コミュニケーション・集中・リフレッシュなど多様なアクティビティに対して、快適で健康的な業務環境を創出します。

設計におけるHoloLensの活用を模索していた

　株式会社竹中工務店（以下竹中工務店）は建設設計や工事のほか、不動産の開発や取引を行う企業です。かねてより建設業界のデジタル化、そしてオープンイノベーション（企業同士、または企業と自治体・大学・研究機関などの異分野同士が共同で開発を行い、社会的なインパクトを生むこと）に取り組んでいる同社ですが、なぜHolostructionを導入したのでしょうか。

　「当時、すでにHoloLensを施工現場で利用していましたが、設計段階でも利用できないかと検討していました。その中で、Holostructionの取り組みを知ったのです」と北野氏は語ります。

　今回のような複雑な形状の建物は、模型作りに膨大な手間と時間を要します。また、建物が複雑であればあるほど、協議の場で小さな模型から実物大のスケールを頭の中で想像するというプロセスが、さらに困難になってしまうのです。関係者間でイメージをきちんと共有する必要があります。

　Holostructionならすぐにホログラムを作成できるほか、スケールも自由に変更可能です。建物の外見をさまざまな位置や角度からじっくり見ることもでき、内部まで実物大のスケールで再現できるため、複雑なデザインの建物でも確実にイメージを共有したうえで合意形成まで進められます。複数の案を実物大で表示して比較検討できるのも、Holostructionならではのメリットといえます。

　これらの特徴が、竹中工務店の想定していた利用シーンに合致していたため、今回の事業にHolostructionを導入することとなったのです。

User's Voice

竹中工務店：北野信吾氏

現場におけるHoloLensの試行は進んでいましたが、設計段階でも利用できないか検討していました。検討していた利用シーンの中に、Holostructionで実現できる機能が数多くあったため、業務への適合性を確認すべく、導入を決めました。

設計段階の工数の削減やイメージの確実な共有

本事業におけるHolostructionの活用には、主に以下のような効果を期待しました。

①BIMデータのホログラム化による模型作成工数の削減

②ホログラムを使った協議によるイメージの確実な共有

③意思決定の効率化

①について、本事業ではBIM（3次元のモデリングソフトウェアを使用し、建物の設計から施工、アフターメンテナンスまでのライフサイクルにおいてデータを利活用するためのソリューション）データからホログラムを作成し、設計協議を実施することで、模型作成工数の削減、合意形成までの時間短縮を目指しました。

②については、ホログラムによって実物のイメージを使用して協議を行うことで、複雑なレイアウトを協議する場合においても、イメージを確実に共有することを期待しました。

③については、デジタルデータ共有機能を活用することにより、各種意思決定の効率化を目指しました。

本事業では、竹中工務店にて3次元モデル作成、複数のオフィスレイアウトデータ準備を担当し、小柳建設にてHolostructionの導入支援や技術サポートを担当しました。

本事業は、2019年11月に開催された「Holostruction Meetup」イベントにて紹介されています。

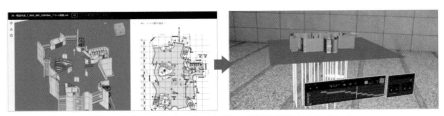

BIMデータをホログラム化し、Holostructionを使って協議が進められました。

■Holostructionで模型作成の工数を削減

従来の模型を使った協議では、デザインパターンごとに複数の模型を作る必要がありました。

用途によって模型で確認すべき内容や必要な模型のスケールも変わります。これらを紙の模型で作るとコストも制作時間もかかってしまうのですが、Holostructionでは1:500から1:1スケールまでをボタン一つで自由に変更できます。花岡氏は「特に1:10スケールでの確認は今回の建物の空間的な特徴の部分と全体の関係を一目で確認することができ、イメージの共有に非常に役立った」と語ります。Holostructionを利用することでそれぞれの工程で必要な模型がすぐに表示されるため、スムーズな協議が実現できるのです。

竹中工務店：北野信吾氏
Holostructionは、目の前に、あたかも実際に模型があるようにホログラムが表示され、さらに全員で同じホログラムを囲むことができることに価値を感じます。
弊社ではすべてのBIMソフトを用いて建物を3Dで設計していますが、Holosturcitonならそれらのデータを簡単に取り込め、必要なホログラムをすぐ目の前に表示でき、好きな箇所を好きなスケールで見られます。従来はサイズの小さい模型とCGデータで協議を行っていましたが、今まで模型では作ることができなかった大きなスケールがホログラムで表現できたことで、とても有用だと思いました。

■意思決定までを効率化

　Holostructionを使った協議では、ホログラムのみならず必要なデジタルデータも目の前に表示できます。本事業では、自社内での設計検討協議にHolostructionを利用しましたが、その際2次元図面やCGパースなどの資料を空間上に投影して協議を実施することで、スムーズに協議を進めることができました。

　今回の施工は、今後のプレゼンテーションの形を検討するのにも役立ったと北野氏は語ります。

「例えばコンペなどの場でも、Holostruction を活用できそうですね。ホログラムや資料を一緒にお客様へ提示することで、より効果的にプレゼンできるのではないでしょうか」

設計図面や写真など、各種必要な資料も仮想会議空間で確認できるため、迅速で効率的な情報共有が実現しました。

User's Voice

竹中工務店：花岡郁哉氏

従来の協議では、多くの図面や資料を準備する必要があります。Holostruction ならホログラムはもとより、机やモニターだけでなく、空間全体を活用したコミュニケーションやプレゼンテーションが可能になると思いました。

活用シーンを設計や管理の場に広げたい

HoloLens の活用の場を広げようと模索する中で、Holostruction を導入した竹中工務店。北野氏は、今後も設計・管理の場面で積極的に利用したいと語ります。

「今回 Holostruction を利用することで、従来の模型では不可能だったホログラムの縮尺変更によって関係者間のイメージ共有が図られ、早期の課題解決につながるということを体感できました。今後もさまざまな XR 技術を、設計や管理の場面で活用していきたいですね」

おわりに

　本書はHolostructionの完全マニュアルとして、HoloLens 2の概要からHolostructionの開発経緯、操作方法、そして実際にHolostructionを導入した事例について解説しました。「HoloLensとは？」「Holostructionはどうやって使うの？」「新しい建設業の姿とは？」……このような疑問にお答えできたのではないかと思います。

　Holostructionは単なる作業効率化ツールではなく、建設業の働き方そのものを変え得るソリューションです。

　これまでも国土交通省や新潟県、導入を検討している企業さまといった関連業界・教育機関等での体験会を実施していますが、いずれも驚きとともに好意的な感想を多くいただいています。特に高等学校や大学などでの説明会は大好評で、Holostructionのデモンストレーションを実施すると、その場で「御社の入社試験を受けたい」と希望される学生の方もいらっしゃるほどです。「建設業の明るい未来の姿」を次の世代へ示すことができているという実感があります。

　土木・建設業は社会インフラを支え、地域の発展に寄与する誇りある職業です。人々が豊かな生活を営むうえで不可欠な仕事だからこそ、IT化を強力に推し進め、より安全でよりスマートな働き方へシフトするべきであると考えます。そしてHolostructionは、建設業におけるIT化の中核に位置づけられる有望なシステムであると確信しています。

　Holostructionは、建設業に従事するすべての皆さまの働き方を変えるべく、開発したシステムです。多くの企業さまにご活用いただき、建設業の未来へともに貢献できるなら、開発責任者としてこれほど嬉しいことはありません。

2021年10月

小柳建設株式会社　専務取締役COO　中静真吾

本書に寄せて

　我が国は、現在、人口減少社会を迎えており働き手の減少を上回る生産性の向上等が求められています。そこで国土交通省では、2025年度までに建設現場の生産性を2割向上することを目指して平成28年より「i-Construction」の取り組みを推進しています。また、今般の新型コロナウイルス感染症を踏まえ、政府を挙げてデジタル社会への変革が求められる中、国土交通省においてもデジタルを積極的に活用し、これまでの建設現場の生産性向上はもとより職員自身の働き方改革等も含めた「インフラ分野のDX（デジタル・トランスフォーメーション）」を推進しています。

　国土交通省では「インフラ分野のDX」の取り組みとして、2021年2月9日に具体的な施策を公表しています。その中では大きく分けて4つの方向性に分類をしたうえでそれぞれの取り組みを推進することとしています。

　1点目は、「行政手続きや暮らしにおけるサービスの変革」です。これは、デジタル化による行政手続き等の迅速化や、データ活用による国民サービスの向上に向けた取り組みで、例えば、特車通行手続き等の迅速化やETCによるタッチレス決済の普及等です。

　2点目は、「ロボット・AI等活用で人を支援し、現場の安全性や効率性を向上」で、無人化・自律施工による安全性・生産性の向上や身体負荷の軽減や視覚・判断の補助を行うパワーアシストスーツ等による苦渋作業の減少、AI等による点検員の「判断」支援等の取り組みです。

　3点目は、「デジタルデータを活用し仕事のプロセスや働き方を変革」で、具体的には、衛星を活用した被災状況把握等による調査業務の変革、画像解析や3次元測量等を活用した遠隔臨場による監督検査の効率化、AIやレーザーを活用したトンネルの変状検出等を可能とするシステムの技術開発等です。

　4点目は、「DXを支えるデータ活用環境の実現」です。BIM/CIMの活用推進や、イ

ンフラ分野のDXによって得られたデータを横断的に活用するための「国土交通データプラットフォーム」の構築等です。なお、BIM/CIMの活用については2023年度までに小規模なものを除く全ての公共工事でBIM/CIMを適用することとしています。

　これらを推進し、データとデジタル技術を活用して社会資本や公共サービス、ならびに建設業や国土交通省の業務そのもの、組織・プロセス・文化や働き方を変革することで、安全・安心で豊かな生活を実現する「インフラ分野のDX」を実現することができると考えています。

　少子高齢化が進み、建設業の担い手の確保が喫緊の課題とされている昨今、BIM/CIMなどの3次元データの利用の普及や、それらを活用したAR、VR、MRといった技術を活用すること等により建設業の生産性を向上させることは不可欠であるといえます。また、ホロストラクションのようなMR技術をもって複数人で直感的なイメージを共有することは、潜在的なリスクの発見にも役立ち、建設現場の安全性の向上においても効果的なツールとなるでしょう。

　現在はまだ、これらの技術の活用に向けた途上段階ではありますが、将来、技術がさらに発展し、建設業界でこれらが当たり前のように活用されることで、誰もが安心・安全で、かつ効率的に働けるようになることを期待しています。また、国土交通省としても新たな技術を積極的に取り入れながらインフラ分野のDXを強力に推進していきたいと考えています。

国土交通省大臣官房技術調査課

建設生産性向上推進官

廣瀬健二郎

本書に寄せて

　建設産業は、社会資本の整備の担い手であると同時に、社会の安全・安心の確保を担う、我が国の国土保全上必要不可欠な「地域の守り手」です。また、多くの「人」で成り立つ産業でもあります。建設業就業者数は、近年、横ばいで推移していますが、今後、高齢者の大量離職が見込まれており、建設産業が地域の守り手として持続的に役割を果たしていくためには、建設業の賃金水準の向上や休日の拡大等による働き方改革とともに、生産性向上が必要不可欠です。

　国土交通省では、2016年度よりICTの活用等により調査・測量から設計、施工、検査、維持管理・更新までのあらゆる建設生産プロセスにおいて、抜本的な生産性向上を目指す取り組みである「i-Construction」を推進しています。さらに、国土交通省では、土木分野での国際標準化の流れを踏まえ、3次元データを基軸とする建設生産・管理システムを実現するため、BIM/CIMの取り組みを推進していくとともに、デジタルトランスフォーメーション（DX）の実現にも注力しています。また、内閣府の施策の一つである官民研究開発投資拡大プログラム（PRISM）の建設領域においても、同省の建設現場における新技術の導入を後押ししています。

　そんな折、未曾有の危機をもたらした新型コロナウイルス感染症に対して、公共工事の現場などで非接触・リモート型の施工・検査への転換を図るなど、インフラ分野においても、さらなるIoT、AI（人工知能）、ロボティクスなどデジタル技術を活用して、DXが加速しています。

　BIM/CIMは、調査・計画・設計段階から施工、維持管理までの建設生産管理システムの各段階における3次元モデルを連携させ、事業全体に携わる関係者間で情報を共有することで、生産性向上とともに品質確保・向上につながります。その情報共有手段にAR（拡張現実）、MR（複合現実）などがあり、本書の「Holostruction」は、MR技術を用いたもので、BIM/CIMによって生成された現場の地形や設計の3次元モデルを現実の空間に投影し、その中を行き来しながら、さまざまな位置・視点・縮尺で自由

に複数人と同時に協議することができます。まさに、昔、夢見たSFの世界を実現しています。設計者から現場へ、現場管理者から作業員へ、イメージを共有し、安全かつ円滑な現場施工が可能となります。必要に応じて、小さい縮尺で現場全体を俯瞰することができ、1:1の実寸大の縮尺で実際の現場目線で施工箇所を確認することができます。遠隔地からの参加もでき、タイムリーな打合せが常に可能で、確認待ち等での工事の遅延などの解消にも効果的です。理想的なシステムです。

このようなシステムが普及することによって、打合せの時間が短縮されるだけではなく、施工計画等の施工に関する検討に要する時間も短縮できると思います。

Microsoft HoloLens 2との組み合わせで、直感的に操作でき、ITスキルに関係なく、誰にでも容易に扱うことができることは魅力的です。

弊社は、今後も小柳建設様と連携をしながら、建設現場のデジタルトランスフォーメーションの実現を推進していきたいと思います。

株式会社小松製作所

執行役員スマートコンストラクション推進本部長

四家千佳史

本書に寄せて

　学生の起業家精神を育むためには、まずはロールモデルをその目で見る、声を直接聞いて、何かを感じとることが力になります。とはいえ、実際、新潟では刺激を受ける経営者との出会いが少ないように思います。

　そんなわけで、新潟のロールモデルを直に学生に見せたい。そう思い、私は2017年に、新潟中小企業団体中央会を訪ねました。「企業規模の大きさではなく、真にロールモデルとなる経営者がいる企業をご紹介いただきたい」とお願いしました。当時の事務局長の早川様から「新潟の中小企業に業界をリードするユニークな経営者がいます」ということで、小柳建設株式会社のHolostructionの取り組みと小柳社長をご紹介いただきました。斬新すぎるほどの取り組みが新潟にあるじゃないか、と心躍りました。その後本社へお伺いし、小柳社長に新潟大学での講義でのご講演を依頼し、お引き受けいただきました。

　私の専門はマーケティングで、全く工学的な知識や建設業界の知識もなく、ましてや最先端技術の知識もありません。そのような私がHolostructionに心を動かされたのは、デジタル化の凄さそのものよりも、その裏にある経営陣の挑戦する姿勢でした。それは建設業の「あたりまえ」を変えようという挑戦です。さらに、もっと興味深いのは、その理由です。誰のために、何のために挑戦するのか、ということです。ここではそのことについて詳しく述べませんが、多くの企業が頓挫する新しいデジタルサービス化が、なぜ、建設業という多くの規則や規制をもつ産業にもかかわらず、ここでは形にできているのか、話を聞いて納得しました。

　近年、テクノロジーの進歩は今までのサービスのあり方や前提をどんどん変えています。10年前にはMaaSもSaaSも存在しなかったですし、デジタル・トランスフォーメーション（DX）などという言葉も知られていませんでした。こんなときに、昨日と同じことを、疑問をもたずに繰り返す思考停止の状態は、危険そのものです。

　そんな背景もあり、昨今、DXはバズ・ワードになっています。DXとは顧客の体験

が新しく、より価値のあるものに進化することを意味します。実は、顧客の体験を今までにない新しいものにし、価値を高めて、かつ企業の利益を確保していくのは、そんなに簡単ではありません。多くの企業が、過去の慣習が足かせになって、そのパラドクスに直面することが研究で指摘されています。この点で、小柳建設株式会社では、Holostructionは目的ではなく手段として位置づけられ、その目的が社員間で共有され実走されている。だからフレキシブルで、大小のパラドクスの壁を突破されているのではないかと思います。テクノロジーの活用は手段でしかありませんが、多くの企業で、それが目的になってしまっていることが多いのです。何のために、が肝要です。

　現実的には、多くの企業が、まだ紙のやり取り、FAX通信、ハンコで決済、などの慣習のなかで日々を過ごしていると思います。業界全体を変えるのは簡単ではないと思います。しかしながら、労働人口の減少が分かりきっているわが国で、生産性を高めるために、新たなテクノロジーの利用は不可避だと思います。それには人々の真の豊かさを志向する経営方針がセットだと思います。その点で、Holostructionには非常に未来を感じます。学生の皆さんは、将来、ここにどんな価値を追加するようになるのでしょうか。あなたが創る進化した未来がとても愉しみです。

新潟大学経済科学部経営学科

特任助教　石塚千賀子

INDEX

著者

中靜真吾（なかしずか しんご）

小柳建設株式会社　専務取締役COO

1975年、新潟県生まれ。日本大学卒業後の1998年、小柳建設株式会社に入社。
公共工事における土木施工管理、品質管理に長年取り組む。実務で培った土木分野、建設技術分野の知見をもとに、Holostruction開発責任者として従事。
2013年、執行役員に就任。新潟県で発生した大規模災害での活動経験を通じて、建設業ならではのスマートフォンアプリケーションを開発。
2016年、取締役に就任。Holostructionプロジェクトに開発責任者として参画。DXを推進し、建設業の働き方改革、自社の経営改革に貢献。
2019年、専務取締役COOに就任。2019年、2020年、2021年と国土交通省PRISM事業採択、2021年国土交通省北陸地方整備局局長表彰のプロジェクトにもDXアドバイザーとして参画。

Staff

本文デザイン
風間篤士（リブロワークス）

DTP
リブロワークス デザイン室

編集協力
菅井未央（リブロワークス）
大津雄一郎（リブロワークス）

ホロストラクション完全マニュアル

2021年10月28日　初版第1刷発行

著者	中靜真吾
発行人	久保田貴幸
発行元	株式会社 幻冬舎メディアコンサルティング 〒151-0051 東京都渋谷区千駄ヶ谷4-9-7 TEL　03-5411-6440（編集）
発売元	株式会社 幻冬舎 〒151-0051 東京都渋谷区千駄ヶ谷4-9-7 TEL　03-5411-6222（営業）
印刷・製本	瞬報社写真印刷株式会社

本書についての
ご意見・ご感想はコチラ